机械工程前沿著作系列 HEP MEF

HEP Series in Mechanical Engineering Frontiers

旋转机械故障信号处理与诊断方法

Methods for Signal Processing and Fault Diagnosis of Rotating Machinery

XUANZHUAN JIXIE
GUZHANG XINHAO
CHULI YU ZHENDUAN
FANGFA

许同乐 著

高等教育出版社·北京

内容简介

本书主要研究旋转机械故障信号处理与诊断方法，内容包括旋转机械振动信号描述、短时傅里叶变换、小波降噪方法、旋转机械故障信息独立化提取方法、遗传神经网络的旋转机械故障诊断方法以及传感器信息融合方法。作者的主要研究思路是：首先通过传感器获取振动信号，利用小波、双树复小波、EMD、LMD变换等现代信号处理方法对非线性、非平稳信号进行降噪并重构；然后对获得的混合信号进行盲源分离，提取特征信息；最后应用信息融合技术，包括遗传算法优化神经网络、D-S证据理论等方法，进行旋转机械故障模式识别。为了便于读者参考，还将系统性理论与工程实例相结合，并配有相应的MATLAB程序。

本书可作为高等院校机械工程、测控技术与仪器以及相关专业高年级本科生、研究生的教材或参考书，也可供从事机械设备故障诊断和检测以及信号处理的广大科研技术人员使用。

图书在版编目（CIP）数据

旋转机械故障信号处理与诊断方法 / 许同乐著 . --
北京：高等教育出版社，2020.6
　　ISBN 978-7-04-054011-6

　　Ⅰ.①旋… Ⅱ.①许… Ⅲ.①旋转机构 - 故障诊断
Ⅳ.① TH210.66

中国版本图书馆 CIP 数据核字（2020）第 060926 号

旋转机械故障信号处理与诊断方法
XUANZHUAN JIXIE GUZHANG XINHAO CHULI YU ZHENDUAN FANGFA

策划编辑	刘占伟	责任编辑	刘占伟	特约编辑	罗春平	封面设计	杨立新
版式设计	杜微言	插图绘制	于 博	责任校对	张 薇	责任印制	尤 静

出版发行	高等教育出版社	咨询电话	400-810-0598
社　　址	北京市西城区德外大街4号	网　　址	http://www.hep.edu.cn
邮政编码	100120		http://www.hep.com.cn
印　　刷	涿州市星河印刷有限公司	网上订购	http://www.hepmall.com.cn
开　　本	787mm×1092mm　1/16		http://www.hepmall.com
印　　张	9.75		http://www.hepmall.cn
字　　数	190 千字	版　　次	2020 年 6 月第 1 版
插　　页	2	印　　次	2020 年 6 月第 1 次印刷
购书热线	010-58581118	定　　价	99.00 元

前　言

　　随着科学技术和生产自动化过程的发展与进步, 旋转机械设备趋于功能多样化、机体大型化、结构复杂化、运行高速化、管理智能化, 设备内部各系统彼此之间的联系更加紧密。因为这样的特点, 旋转机械设备在运行过程中, 存在许多引起各种故障的因素, 导致设备的动态性能恶化, 从而降低或完全丧失其预期功能; 一些突发性故障因素会使设备发生连锁反应, 造成整个自动化生产过程无法正常工作, 甚至发生灾难性事故。因此, 对旋转机械故障诊断的研究具有重要意义。

　　作者总结了近年来在旋转机械故障诊断研究中的成果, 提出了具有一定先进性和实用性的机械设备故障诊断方法, 其主要研究思路和过程是: 首先通过传感器获取旋转机械振动信号, 利用小波、双树复小波、EMD、LMD 变换等现代信号处理方法对非线性、非平稳信号进行降噪并重构; 然后对获得的混合信号进行盲源分离, 提取特征信息; 最后应用信息融合技术, 包括遗传算法优化神经网络、D-S 证据理论等方法, 进行旋转机械故障模式识别。

　　全书内容分为 6 章, 主要包括信号描述、短时傅里叶变换, 旋转机械振动信号小波降噪方法、旋转机械故障信息独立化提取方法、遗传神经网络的旋转机械故障诊断方法、旋转机械传感器信息融合方法。每一章都配有实例及相应的 MATLAB 程序, 以便于广大读者参考。

　　本书在撰写过程中, 得到了单位领导和同事们的支持, 研究生张亚靓等在文稿整理中做了很多工作, 在此表示衷心感谢! 同时, 也对参考文献中的各位作者表示感谢!

　　由于作者水平所限, 书中难免有不妥和错误之处, 敬请同行和广大读者指正。

作者

2020 年 1 月

目　录

第 1 章　信 号 描 述

对于信息, 一般可理解为消息、情报或知识。1948 年, 数学家香农 (Shannon) 在论文《通信的数学理论》中指出: "信息是用来消除随机不确定性的东西"。美国著名物理化学家吉布斯 (Josiah Willard Gibbs) 提出了向量分析, 并将其引入数学物理中。美国数学家维纳 (Norbert Wiener) 认为: "信息是人们适应外部世界, 并使这种适应反作用于外部世界的过程, 是同外部世界进行互相交换的内容和名称"。美国信息管理专家霍顿 (F. W. Horton) 认为: "信息是数据处理的结果"。电子学家、计算机科学家认为: "信息是电子线路中传输的信号"[1]。从物理学观点来考虑, 信息不是物质, 也不具备能量, 但它却是物质所固有的, 是其客观存在或运动状态的特征。信息可以理解为事物运动的状态和方式。信息与物质、能量一样, 是人类不可缺少的一种资源。

信号具有能量, 是某种具体的物理量, 是信息的载体, 如电信号可以通过幅值、频率、相位的变化来表示不同的消息。例如, 古代人利用烽火台向远处传递消息, 属于光信号的传递; 打雷下雨时, 我们看见闪电的同时还能听见雷声, 这属于光信号和声信号的传递; 我们现在使用手机发消息、打电话, 这属于电信号的传递。信号的变化则反映了所携带信息的变化[2]。测试工作始终需要与信号打交道。因此, 深入了解信号及其描述是机械故障测试的基础。

1.1　信号分类及描述

通常, 信号都是随时间变化的, 如温度信号、压力信号、光信号和电信号等, 它们反映了事物在不同时刻的变化状态。由于电信号处理起来比较方便, 所以工程上常把非电信号转化为电信号来传输。在电系统中, 主要有电压信号和电流信号两种形式。电信号随时间变化的规律是多种多样的[3]。

1.1.1　信号分类

1. 确定性信号

根据信号随时间的变化规律, 可把信号分为确定性信号和随机信号。能明确地用数学关系式描述随时间变化关系的信号称为确定性信号。

例如, 一个单自由度无阻尼质量 – 弹簧振动系统 (如图 1.1) 的位移信号 $x(t)$ 是确定性的, 可用下式来确定质点瞬时位置:

$$x(t) = X_0 \cos \left(\sqrt{\frac{k}{m}} t + \varphi_0 \right) \tag{1.1}$$

式中, X_0 为初始振幅; k 为弹簧刚度系数; m 为质量; t 为时间; φ_0 为初相位。

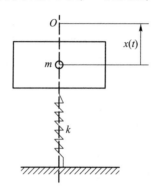

图 1.1　单自由度振动系统

O — 质量 m 的静态平衡位置

确定性信号又可以分为周期信号与非周期信号。

1) 周期信号

按一定时间间隔周而复始出现的信号称为周期信号。

周期信号的数学表达式为

$$x(t) = x(t + nT_0) \tag{1.2}$$

式中, T_0 为信号的周期; $n = \pm 1, \pm 2, \cdots, \pm L$; $T_0 = 2\pi/\omega = 1/f$; $\omega = 2\pi f$ 为角频率; f 为频率。图 1.2 所示是周期为 T_0 的三角波和正弦波信号。

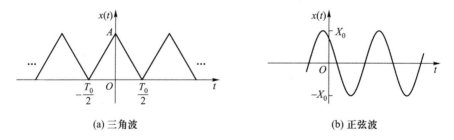

(a) 三角波　　　　　　　　　　　　　(b) 正弦波

图 1.2　周期信号

显然, 式 (1.1) 表示的信号也为周期信号, 其角频率为 $\omega = \sqrt{k/m}$, 周期为 $T = 2\pi/\omega$。这种频率单一的正弦或余弦信号称为谐波信号。

由多个乃至无穷多个频率成分叠加而成, 叠加后仍存在公共周期的信号称为一般周期信号, 如:

$$x(t) = x_1(t) + x_2(t) = A_1 \sin(2\pi f t + \theta_1) + A_2 \sin(2\pi f_2 t + \theta_2)$$
$$= 8\sin(2\pi \cdot 2 \cdot t + \pi/4) + 3\sin(2\pi \cdot 3 \cdot t + \pi/6) \tag{1.3}$$

$x(t)$ 由两个周期信号 $x_1(t)$、$x_2(t)$ 叠加而成, 频率分别为 $T_1 = 1/2, T_2 = 1/3$, 叠加后信号的周期为 1, 如图 1.3 所示。

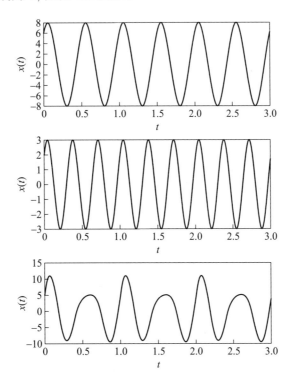

图 1.3　两个正弦信号的叠加 (有公共周期)

2) 非周期信号

将确定信号中那些不具有周期重复性的信号称为非周期信号。非周期信号分为准周期信号和瞬变非周期信号。

准周期信号由两种以上的周期信号叠加而成, 但叠加后组成分量间无法找到公共周期, 因而无法按某一时间间隔周而复始地出现。如

$$x(t) = x_1(t) + x_2(t) = A_1 \sin(\sqrt{2}t + \theta_1) + A_2 \sin(3t + \theta_2) \tag{1.4}$$

由两个信号 $x_1(t)$、$x_2(t)$ 叠加而成, 两信号的频率比为无理数, 即两频率没有公约数, 则叠加后信号无公共周期, 如图 1.4 所示。

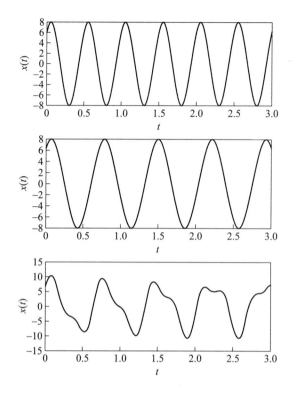

图 1.4　两个正弦信号的叠加 (无公共周期)

　　除准周期信号之外的其他非周期信号若在有限时间段内存在, 或随着时间的增加而幅值衰减至零, 称为瞬变非周期信号或指数衰减瞬变信号。图 1.5 为常见的瞬变非周期信号, 其中图 1.5a 为指数衰减信号; 图 1.5b 为指数衰减振荡信号, 该信号随时间的无限增加而衰减至零, 表示为

$$x(t) = X_0 \cdot \mathrm{e}^{-at} \cdot \sin(\omega t + \varphi_0) \tag{1.5}$$

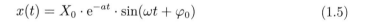
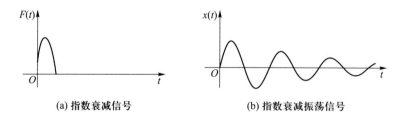

　　(a) 指数衰减信号　　　　　　　　(b) 指数衰减振荡信号

图 1.5　常见非周期信号

2. 随机信号

　　无法用明确的数学关系式表达的信号称为非确定性信号, 又称为随机信号。随机信号只能用概率统计方法由过去估计未来或找出某些统计特征量。根据某统计

特性参数的特点, 随机信号又可分为平稳随机信号和非平稳随机信号两类。其中, 平稳随机信号又可进一步分为各态历经随机信号和非各态历经随机信号。

3. 连续信号和离散信号

不论周期信号还是非周期信号, 若从时间变量的取值是否连续出发, 又可以分为连续信号和离散信号。若信号在所有连续时间上均有定义, 则称连续信号 (如图 1.6); 若信号的取值仅在一些离散时间点上有定义, 则称离散信号 (如图 1.7)。

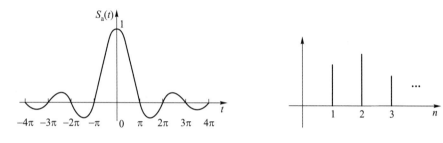

图 1.6　连续信号　　　　　图 1.7　离散信号

4. 因果信号与非因果信号

若将 $t = 0$ 作为信号 $x(t)$ 的初始观察时刻, 有 $x(t) = 0$, 则在该输入信号作用下, 因果系统的零状态响应只能出现在 $t \geqslant 0$ 的时间区间上, 故将从 $t = 0$ 时刻开始的信号称为因果信号; 否则为非因果信号。

5. 能量信号

在所分析的区间 $(-\infty, +\infty)$, 能量为有限值的称为能量信号, 满足如下条件:

$$\int_{-\infty}^{+\infty} x^2(t)\mathrm{d}t < \infty \tag{1.6}$$

关于信号的能量, 可作如下解释: 对于电信号 (通常是电压或电流), 电压在已知区间 (t_1, t_2) 消耗在电阻上的能量为

$$E = \int_{t_1}^{t_2} \frac{U^2(t)}{R} \mathrm{d}t \tag{1.7}$$

对于电流, 能量为

$$E = \int_{t_1}^{t_2} RI^2(t)\mathrm{d}t \tag{1.8}$$

对于上面每一种情况, 能量都正比于信号平方的积分。取 $R = 1\ \Omega$ 时, 式 (1.7) 和式 (1.8) 具有相同形式, 采用这种规定时, 就称方程

$$E = \int_{t_1}^{t_2} x^2(t)\mathrm{d}t \tag{1.9}$$

为任意信号 $x(t)$ 的"能量"。

6. 功率信号

许多信号,如周期信号、随机信号等,在区间 $(-\infty, \infty)$ 的能量不是有限值。在这种情况下,研究信号的平均功率更为合适。在区间 (t_1, t_2) 上,信号的平均功率为

$$P = \frac{1}{t_2 - t_1} \int_{t_1}^{t_2} x^2(t)\mathrm{d}t \tag{1.10}$$

若区间变为无穷大时,式 (1.10) 仍然是一个有限值,信号具有有限的平均功率,则称之为功率信号。具体讲,功率信号满足条件

$$0 < \lim_{T \to \infty} \frac{1}{2T} \int_{-T}^{T} x^2(t)\mathrm{d}t < \infty \tag{1.11}$$

对比上式,一个能量信号具有零平均功率,而一个功率信号具有无限大能量。

1.1.2 信号的时域与频域描述

直接观测或记录的信号一般为随时间变化的物理量。这种以时间为独立变量,用幅值随时间变化的函数或图形来描述信号的方法称为时域描述[3]。

时域描述简单直观,只能反映信号的幅值随时间变化的特性,而不能明确揭示信号的频率组成关系。为了研究信号的频率构成和各频率成分的幅值大小、相位关系,应对信号进行频谱分析,即把时域信号通过适当的数学方法处理为以频率 f(或角频率 ω) 为独立变量、相应的幅值或相位为因变量的频域描述,这种信号描述方法称为信号的频域描述。

对连续系统的信号来说,常采用傅里叶变换和拉普拉斯变换;对离散系统的信号则采用 Z 变换。频域分析法将时域分析法中的微分或差分方程转换为代数方程,有利于问题的分析。

一般说来,实际信号的形式通常比较复杂,在一个测试系统中直接分析各种信号的传输情形常常是困难的,有时甚至不可能。所以,常常将复杂信号分解成某些特定类型的基本信号之和,这样易于实现和分析。常用基本信号有正弦信号、复指数信号、阶跃信号、冲击信号。

例如,图 1.8 是一个周期方波时域信号描述,其表达式为

$$\begin{cases} x(t) = x(t + nT_0) \\ x(t) = \begin{cases} A, & 0 < t < \dfrac{T_0}{2} \\ -A, & -\dfrac{T_0}{2} < t < 0 \end{cases} \end{cases} \tag{1.12}$$

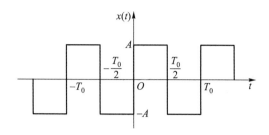

图 1.8　周期方波

将该周期方波应用傅里叶级数展开, 可得

$$x(t) = \frac{4A}{\pi}\left(\sin\omega_0 t + \frac{1}{3}\sin 3\omega_0 t + \frac{1}{5}\sin 5\omega_0 t + \frac{1}{7}\sin 7\omega_0 t + \cdots\right) \quad (1.13)$$

式中, $\omega_0 = 2\pi/T_0$。

由式 (1.13) 可以看出, 该信号是由一系列幅值按 $1/n$ 衰减和频率不等、相角为零的奇次正弦信号叠加而成的。

在信号的分析中, 可以将组成方波的各个频率成分按序排列起来, 得出方波的频谱。图 1.9 表示了周期方波时域图形、幅频谱、相频谱三者之间的关系。

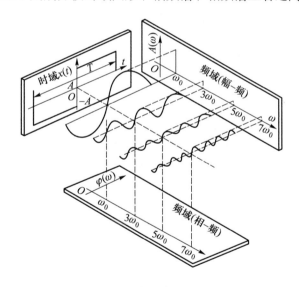

图 1.9　周期方波描述

信号的频谱一般以频率为横坐标, 以幅值或相位为纵坐标分别描述, 信号的幅值–频率为幅频谱, 相位–频率为相频谱。每个信号都有其特有的幅频谱和相频谱, 所以每一个信号在频域描述时都要用幅频谱和相频谱来描述。1.3 节给出了两个周期方波及其幅频谱、相频谱的程序仿真。时域中两方波只相对平移了 $T_0/4$, 其余不变。可以看出, 幅频谱相同, 但相频谱不同, 平移使各频率分量产生了 $n\pi/2$ 相角。

1.2 信号分析与处理

测试工作的目的是获取反应被测对象状态和特征的信息。但是有用的信号总是和各种噪声混杂在一起,有时其本身也不明显,难以直接识别和应用。只有分离信号和噪声,并经过必要的处理和分析,清除和修正系统误差后,才能比较准确地提取测得信号中所含的有用信息[3]。因此,信号处理的目的是: ① 分离信号和噪声,提高信噪比; ② 从信号中提取有用的特征信号; ③ 修正测试系统的某些误差,如传感器的线性误差、温度影响因素等。

信号处理系统可用模拟信号处理系统和数字信号处理系统来实现。

模拟信号处理系统由一系列能实现模拟运算的电路,如模拟滤波器、乘法器、微分放大器等组成。通常,模拟信号处理也作为数字信号处理的前奏,例如滤波、限幅、隔直、解调等预处理。数字信号处理后也常作模拟显示和记录等。

数字信号处理是用数字方法处理信号,它既可在计算机上通过程序来实现,也可以用专用信号处理机来完成。数字信号处理具有稳定、灵活、快速、应用范围广、设备体积小、质量轻等优点,在各行业中得到广泛应用。

1.2.1 数字信号处理系统的基本组成[4]

在科学和工程上遇到的大多数信号是自然模拟信号。也就是说,信号是连续变量的函数,这些连续变量 (如时间或空间) 通常在一个连续的范围内取值。这类信号可直接被合适的模拟系统 (如滤波器、谱分析仪或倍频器) 处理,以改变信号的特征或提取有用信息。在这种情况下,我们说信号是直接以模拟形式处理的,如图 1.10 所示。输入信号和输出信号均为模拟形式的信号。

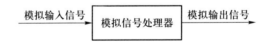

图 1.10 模拟信号处理

数字信号处理提供了处理模拟信号的备用方法,如图 1.11 所示。要执行数字处理,需要在模拟信号和数字信号处理器之间有一个接口。这个接口称为模数 (analog to digital (A/D)) 转换器。A/D 转换器的输出是数字信号,该信号适合作为数字信号处理器的输入。

图 1.11 数字信号处理

数字信号处理器可以是一个对输入信号执行所需操作的大的可编程数字计算机, 或是一个小的可编程微处理器, 也可以是一个对输入信号执行指定操作集的硬连线数字信号处理器。可编程机器可通过更改软件来灵活地更改信号的处理操作, 而硬连线机器则较难重新配置。因此, 人们常用可编程的信号处理器。另一方面, 当信号处理操作被定义好之后, 操作的硬连线实现可被优化, 从而做出价格更低廉的信号处理器, 而硬件实现要比对应的软件实现速度快。在应用中, 数字信号处理器的数字输出通常是以模拟形式提交给用户的, 例如语音通信, 因此必须提供从数字域到模拟域的另一个接口。这种接口称为数模 (digital to analog (D/A)) 转换器。这样的信号是以模拟形式提供给用户的, 如图 1.11 所示。然而, 还有一些包含信号分析的实际应用, 在这种应用中, 有用信息是以数字形式搬运的, 不需要 D/A 转换器。例如, 在雷达信号的数字处理中, 从雷达信号提取的信息 (如飞机的方位和速度) 可被简单地打印到纸上。在这种情况下, 不需要 D/A 转换器。

1.2.2 模拟信号转换为数字信号

实际应用中感兴趣的信号大多是模拟信号, 如语音信号、生物学信号、地震信号、雷达信号、声呐信号以及各种通信信号如音频与视频等。要通过数字方法处理模拟信号, 有必要先将它们转换成数字形式, 即转换为具有优先精度的数字序列[4]。这一过程称为模数 (A/D) 转换, 而相应的设备称为 A/D 转换器 (ADC)。

从概念上讲, A/D 转换分三步完成, 如图 1.12 所示。

(1) 采样。这是连续时间信号到离散时间信号的转换过程, 通过对连续时间信号在离散时间点处的取样值获得。因此, 如果 $x_a(t)$ 是采样器的输入, 那么输出就是 $x_a(nT) = x(n)$, 其中 T 称为采样间隔。

(2) 量化。这是离散时间连续值信号转换为离散时间离散值 (数字) 信号的转换过程。每个信号的样本值从可能值的有限集中选取。未量化样本 $x(n)$ 和量化输出 $x_q(n)$ 之间的差称为量化误差。

(3) 编码。在编码过程中, 每一个离散值 $x_q(n)$ 由 b 位二进制序列表示。

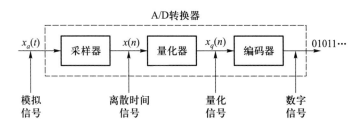

图 1.12 模拟转换器的基本组成部分

虽然将 A/D 转换器模型化为采样器, 然后是量化器和编码器, 但实际上 A/D

转换是由单个设备执行的, 输入 $x_a(t)$ 而产生一个二进制码数字。采样和量化可以按任意顺序执行, 实际上, 采样总是在量化之前执行的。

在实际应用的很多场合 (如语音处理), 需要将处理过的数字信号再转化成模拟信号 (很明显, 我们无法听到代表语音信号的采样序列, 也无法看到响应于电视信号的数字)。将数字信号转化为模拟信号的过程是数模 (D/A) 转换。所有 D/A 转换器通过某种插值操作连接数字信号的相应各点, 其精度依赖于 D/A 转换器的质量。图 1.13 说明了 D/A 转换的样本形式, 称为零阶保持或阶梯近似。其他近似也是可能的, 如线性连接一对连续样本 (线性插值), 对 3 个连续样本点进行二次插值等。

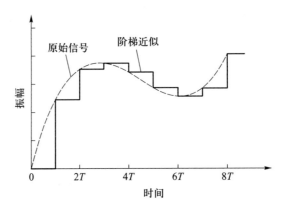

图 1.13　零阶保持 D/A 转换

采样既不会导致信息丢失, 也不会引入信号失真。原则上, 模拟信号可以从样本重构, 只要采样频率足够高, 可避免通常所说的 "混叠" 问题。另一方面, 量化是一个导致信号失真的不可倒转或不可逆的过程。失真量依赖于 A/D 转换过程的精度, 通常由位数测量。影响选择 A/D 转换器精度的因素是价格和采样率。一般来说, 随着精度与采样率的提高, 成本也会增加。

1.3　程序仿真

表 1.1　正弦信号的叠加

(1) 存在公共周期

```
t=0:0.01:2*pi;
s1=sin(t);
s2=sin(2*t);
s=s1+s2;
plot(t,s,t,s1,t,s2)
```

(2) 无公共周期

```
t=0:0.01:2*pi;
s1=sin(3*t);
s2=sin(5*t);
s=s1+s2;
plot(t,s,t,s1,t,s2)
```

参考文献

[1] 胡广书. 现代信号处理教程 [M]. 2 版. 北京: 清华大学出版社, 2015.

[2] 褚福磊, 彭志科, 冯志鹏, 等. 机械故障诊断中的现代信号处理方法 [M]. 北京: 科学出版社, 2009.

[3] 熊诗波, 黄长艺. 机械工程测试技术基础 [M]. 3 版. 北京: 机械工业出版社, 2006.

[4] 许同乐. 机械工程测试技术 [M]. 2 版. 北京: 机械工业出版社, 2015.

第 2 章　短时傅里叶变换

2.1　傅里叶变换

2.1.1　傅里叶变换简介

1807 年, 著名法国数学家、物理学家傅里叶 (Fourier) 在法国科学学会上发表了一篇文章, 运用正弦曲线来描述温度分布, 并且提出 "任何一个周期函数都可以由一组适当的正弦曲线组合而成", 当时数学家拉格朗日和拉普拉斯参与了这篇文章的审核, 拉格朗日坚决反对发表该文章, 他认为 "正弦曲线无法组合成一个带有棱角的信号", 此观点是对的[1]。但是, 我们可以用正弦曲线非常逼近地表示它, 逼近到两种表示方法不存在能量差别, 基于此, 傅里叶是对的。直到 15 年后, 这篇文章才得以发表。分解信号的方法是数不尽的, 但是分解信号的最终目的是为了更加简单省事地处理原来的信号[2]。例如, 用正弦信号表示原信号会更加简单, 因为正弦信号拥有原信号所不具有的性质。输入正弦信号后, 输出仍是正弦信号, 只有幅值和相位可能发生变化, 但频率和波形是一样的, 正因如此, 我们通常不用方波或者三角波。

傅里叶变换是一种积分变换, 来源于函数的傅里叶积分。周期函数在一定条件下可以展成傅里叶级数, 而在 $(-\infty, +\infty)$ 上定义的非周期函数 f 显然不能用三角级数来表示, 但是建议将 f 以傅里叶积分的方法表示。傅里叶变换既可以分析信号的成分, 也可以用这些成分合成信号。很多波形都可作为信号的成分, 如正弦波、方波、锯齿波等, 傅里叶变换用正弦波作为信号的成分。傅里叶变换的核心思想是: 所有的波都可以用多个正弦波的叠加来表示, 即能将满足一定条件的某个函数表示成三角函数或者它们的积分的线性组合。在不同研究领域, 傅里叶变换具有不同的变体形式, 如连续傅里叶变换和离散傅里叶变换[3]。

定义　若 $f(t)$ 是 t 的周期函数, 且 t 满足狄利克雷条件: 函数在任意有限区间内连续, 或只有有限个第一类间断点; 在一个周期内, 函数有有限个极大值或极小值; $x(t)$ 在单个周期内绝对可积, 即

$$\int_0^T |x(t)|\,\mathrm{d}t < \infty$$

则式 (2.1) 为傅里叶变换, 式 (2.2) 为傅里叶逆变换。

$$F(\omega) = \mathrm{FT}[f(t)] = \int_{-\infty}^{\infty} f(t)\mathrm{e}^{-\mathrm{i}\omega t}\mathrm{d}t \tag{2.1}$$

$$f(t) = \mathrm{FT}^{-1}[F(\omega)] = \frac{1}{2\pi} \int_{-\infty}^{\infty} F(\omega)\mathrm{e}^{\mathrm{i}\omega t}\mathrm{d}\omega \tag{2.2}$$

式中 $\omega = 2\pi f$, 单位为 rad/s; f 为频率, 单位为 Hz; $F(\omega)$ 为 $f(t)$ 的像函数, $f(t)$ 为 $F(\omega)$ 的像原函数。

傅里叶变换在各领域有着广泛的应用。在信号处理中, 傅里叶变换的典型用途是将信号分解成频率谱 —— 显示与频率对应的幅值大小。

式 (2.1) 所示的傅里叶变换可以写成如下的内积形式:

$$F(\omega) = \langle f(t), \mathrm{e}^{\mathrm{j}\omega t} \rangle \tag{2.3}$$

式中, $\langle f, g \rangle$ 表示信号 y 和 g 的内积。若 y、g 都是连续的, 则

$$\langle y, g \rangle = \int f(t)g^*(t)\mathrm{d}t \tag{2.4}$$

若 y、g 都是离散的, 则

$$\langle y, g \rangle = \sum f(t)g^*(t) \tag{2.5}$$

式 (2.3) 说明, 信号 $f(t)$ 的傅里叶变换等效于 $f(t)$ 和基函数 $\mathrm{e}^{\mathrm{j}\omega t}$ 作内积, 由于 $\mathrm{e}^{\mathrm{j}\omega t}$ 对不同的 ω 构成一族正交基, 即

$$\langle \mathrm{e}^{\mathrm{j}\omega_1 t}, \mathrm{e}^{\mathrm{j}\omega_2 t} \rangle = \int \mathrm{e}^{\mathrm{j}(\omega_1 - \omega_2)t}\mathrm{d}t = 2\pi\delta\left(\omega_1 - \omega_2\right) \tag{2.6}$$

所以 $F(\omega)$ 等于 $f(t)$ 在这一族基函数上的正交投影, 即精确地反映了 $f(t)$ 在该频率处的成分大小。基函数 $\mathrm{e}^{\mathrm{j}\omega t}$ 在频域是位于 ω 处的 δ 函数, 因此当用傅里叶变换来分析信号的频域行为时, 它具有最好的频率分辨率。但是, $\mathrm{e}^{\mathrm{j}\omega t}$ 在时域对应的是三角函数 ($\mathrm{e}^{\mathrm{j}\omega t} = \cos\omega t + \mathrm{j}\sin\omega t$), 它在时域的持续时间是从 $-\infty$ 到 $+\infty$, 因此在时域有着最坏的时间分辨率。对于傅里叶逆变换, 分辨率的情况正好相反。

2.1.2　傅里叶变换性质和定理

傅里叶变换具有如下性质和定理:

1. 线性性质

傅里叶变换的线性是指, 两函数线性组合的傅里叶变换等于这两个函数分别作傅里叶变换后再进行线性组合。设函数 $f(x)$ 和 $g(x)$ 的傅里叶变换 $\mathrm{FT}[f(x)]$ 和

$\mathrm{FT}[g(x)]$ 都存在, α 和 β 为任意常系数, 则有

$$\mathrm{FT}[\alpha f(x) + \beta g(x)] = \alpha \mathrm{FT}[f(x)] + \beta \mathrm{FT}[g(x)]$$

2. 尺度变换性质

根据傅里叶变换的定义, 对任意的非零实数 $a(a \neq 0)$, 存在函数 $f_a(x) = f(ax)$ 的傅里叶变换 $F(\omega)$, 且有

$$\mathrm{FT}[f(ax)] = F_a(\omega) = F(a\omega) = \frac{1}{|a|} F\left(\frac{\omega}{a}\right)$$

当 $a > 0$ 时, 若将 $f(x)$ 的图像沿横轴方向压缩至原来的 $1/a$, 则其傅里叶变换的图像将沿横轴方向展宽 a 倍, 同时高度变为原来的 $1/a$。当 $a < 0$ 时, 将使傅里叶变换的图像关于纵轴镜像对称。

3. 时移与频移性质

1) 时移特性

根据傅里叶变换的定义可以证明时移特性

$$\mathrm{FT}[f(t - t_0)] = F(\omega)\mathrm{e}^{-\mathrm{i}\omega t_0} = \mathrm{FT}[f(t)]\mathrm{e}^{-\mathrm{i}\omega t_0}$$

对上式两边取模, 得

$$|\mathrm{FT}[f(t - t_0)]| = |\mathrm{FT}[f(t)]|$$

即信号的时移不影响信号的幅值谱, 它只在相位谱上叠加一个线性相位。

2) 频移特性

与时移特性对应, 频移特性为

$$\mathrm{FT}[f(t)\mathrm{e}^{\mathrm{i}\omega_0 t}] = F(\omega - \omega_0)$$

4. 时域卷积定理

若

$$f(t) = x(t) * h(t)$$

则

$$F(\omega) = X(\omega)H(\omega)$$

证明:

$$f(t) = \sum_{t'=-\infty}^{\infty} x(t')h(t - t')$$

$$F(\omega) = \mathrm{FT}[f(t)] = \sum_{t=-\infty}^{\infty} \left[\sum_{t'=-\infty}^{\infty} x(t')h(t - t') \right] \mathrm{e}^{-\mathrm{i}\omega t}$$

令 $k = t - t'$, 则

$$
\begin{aligned}
F(\omega) &= \sum_{k=-\infty}^{\infty} \sum_{t'=-\infty}^{\infty} h(k)x(t')\mathrm{e}^{-\mathrm{i}\omega k}\mathrm{e}^{-\mathrm{i}\omega t'} \\
&= \sum_{k=-\infty}^{\infty} h(k)\mathrm{e}^{-\mathrm{i}\omega k} \sum_{t'=-\infty}^{\infty} x(t')\mathrm{e}^{-\mathrm{i}\omega t'} \\
&= X(\omega)H(\omega)
\end{aligned}
$$

该定理表明: 时域两序列卷积转移到频域时服从相乘关系。

5. 频域卷积定理

若

$$
f(t) = h(t)x(t)
$$

则

$$
F(\omega) = \frac{1}{2\pi}H(\omega) * X(\omega) = \frac{1}{2\pi}\int_{-\pi}^{\pi} H(\theta)X(\omega - \theta)\mathrm{d}\theta
$$

证明:

$$
F(\omega) = \sum_{t=-\infty}^{\infty} x(t)h(t)\mathrm{e}^{-\mathrm{i}\omega t} = \sum_{t=-\infty}^{\infty} x(t)\left[\frac{1}{2\pi}\int_{-\pi}^{\pi} H(\theta)\mathrm{e}^{\mathrm{i}\theta t}\mathrm{d}\theta\right]\mathrm{e}^{-\mathrm{i}\omega t}
$$

交换积分次序与求和的次序, 得到

$$
\begin{aligned}
F(\omega) &= \frac{1}{2\pi}\int_{-\pi}^{\pi} H(\theta)[x(t)\mathrm{e}^{-\mathrm{i}(\omega-\theta)t}\mathrm{d}\theta]\mathrm{e}^{-\mathrm{i}\omega t} \\
&= \frac{1}{2\pi}\int_{-\pi}^{\pi} H(\theta)x(\mathrm{e}^{\mathrm{i}(\omega-\theta)t})\mathrm{d}\theta \\
&= \frac{1}{2\pi}H(\omega) * X(\omega)
\end{aligned}
$$

该定理表明: 在时域两序列相乘, 转移到频域时服从卷积关系。

表 2.1 总结和归纳了傅里叶变换的性质和定理。

2.1.3　傅里叶变换的不足

傅里叶变换经过 100 多年的发展, 已经成为一个重要的数学分支, 也是信号分析与信号处理中的重要工具。但是, 在应用傅里叶变换的同时还发现了其不足之处, 主要体现在以下 3 个方面。

(1) 傅里叶变换缺乏时间和频率的定位功能。对于给定的信号 $f(t)$, 不知道该信号在某一特定时刻所对应的频率是多少; 反过来, 在一特定的频率下, 不知道在什么时刻会产生该频率分量。

表 2.1　傅里叶变换的性质和定理

函数	傅里叶变换
$f(x)$	$F(\omega)$
$g(x)$	$G(\omega)$
$\alpha f(x) + \beta g(x)$	$\alpha F(\omega) + \beta G(\omega)$
$f(ax)$	$\dfrac{1}{\|a\|} F\left(\dfrac{\omega}{a}\right)$
$f(t - t_0)$	$F(\omega)\mathrm{e}^{-\mathrm{i}\omega t_0}$
$f(t)\mathrm{e}^{\mathrm{i}\omega_0 t}$	$F(\omega - \omega_0)$
$x(t) * h(t)$	$X(\omega)H(\omega)$
$h(t)x(t)$	$\dfrac{1}{2\pi} H(\omega) * X(\omega)$

(2) 傅里叶变换对非平稳信号分析有局限性。傅里叶变换对应的都是单变量 t 或 ω 的函数, 即 $x(t)$ 或 $X(\omega)$, 因此只适用于时不变的信号。然而, 现实物理世界中绝大多数信号的频率都是随时间变化的, 频率随时间变化的信号为时变信号, 又称非平稳信号。

(3) 傅里叶变换在分辨率上有局限性。时频分辨率是信号处理中的基本概念, 它包括时间分辨率和频率分辨率以及不确定原理。对信号的分析, 既希望能得到好的时间分辨率又能得到好的频率分辨率, 然而两者不可能同时达到最好。在实际工作中, 可以根据信号特点及信号处理任务的需要选取不同的时间分辨率或频率分辨率。

以上讨论了傅里叶变换存在的不足。为了克服傅里叶变换不能分析非平稳信号的局限, 1946 年 Gabor 第一次提出了短时傅里叶变换[4] 的概念, 用来确定时变信号局部区域正弦波的频率与相位。其思想是: 选择一个时频局部化的窗函数, 假定分析窗函数 $g(t)$ 在一个短时间间隔内是平稳 (伪平稳) 的, 移动窗函数, 使 $f(t)g(t)$ 在不同的有限时间宽度内是平稳信号, 从而计算出各个不同时刻的功率谱。

2.2　短时傅里叶变换

早在 1946 年, Gabor 就提出了短时傅里叶变换[1-2] (short time Fourier transform, STFT) 的概念, 用以测量声音信号的频率定位。短时傅里叶变换使用一个固定的窗函数, 窗函数一旦确定后, 其形状就不再发生改变, 短时傅里叶变换的分辨率也就确定了。如果要改变分辨率, 则需要重新选择窗函数。短时傅里叶变换分析分段平稳信号或者近似平稳信号犹可, 但是对于非平稳信号, 当信号变化剧烈时, 要求窗函数有较高的时间分辨率; 而波形变化比较平缓的时刻, 主要是低频信号, 则要求窗函数有较高的频率分辨率。短时傅里叶变换不能兼顾频率与时间分辨率的需求。短时傅里叶变换窗函数受到海森伯不确定性原理的限制, 时频窗的面积不小于 2。这也就从另一个侧面说明了短时傅里叶变换窗函数的时间与频率分辨率不能同时达到最优[4-6]。

2.2.1 连续信号短时傅里叶变换的定义和性质

对于连续信号 $f(x)$ 的短时傅里叶变换[7], 其实现原理如图 2.1 所示。

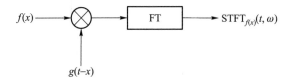

图 2.1 短时傅里叶变换的原理图

定义 如果用基函数

$$g_{t,\omega}(x) = g(t-x)\mathrm{e}^{\mathrm{j}\omega x} \tag{2.7}$$

来代替式 (2.3) 中的基函数 $\mathrm{e}^{\mathrm{j}\omega t}$, 则得到短时傅里叶变换的定义, 即

$$
\begin{aligned}
\langle f(x), g_{t,\omega}(x) \rangle &= \langle f(x), g(t-x)\mathrm{e}^{\mathrm{j}\omega x} \rangle \\
&= \int f(x)g^*(t-x)\mathrm{e}^{-\mathrm{j}\omega x}\mathrm{d}x \\
&= \mathrm{STFT}_{f(x)}(t,\omega)
\end{aligned} \tag{2.8}
$$

该式称为 $f(x)$ 的短时傅里叶变换, 又称为加窗傅里叶变换 (windowed Fourier transform, WFT)。

式 (2.8) 中 $g(x)$ 是窗函数[8]。在时域用窗函数 $g(x)$ 去截 $f(x)$, 对截下来的信号进行傅里叶变换, 即可得到 t 时刻的该段信号的傅里叶变换, 这些傅里叶变换的集合即是 $\mathrm{STFT}_{f(x)}(t,\omega)$。式 (2.8) 的意义实际上是用 $g(x)$ 沿着 t 轴滑动, 不断地截取一段又一段的信号, 然后对每一小段信号分别作傅里叶变换, 得到 (t,ω) 平面上的二维函数 $\mathrm{STFT}_{f(x)}(t,\omega)$。$g(x)$ 的作用是保持时域中为有限长 (一般称作有限支撑), 其宽度越小, 则时域分辨率越好。比较式 (2.3) 和式 (2.8) 可以看出, 使用不同的基函数可以得到不同的分辨率效果。

利用式 (2.8) 不难证明短时傅里叶变换的下列性质:

(1) 时移特性。若 $y(t) = x(t-t_0)$, 则

$$\mathrm{STFT}_y(t,\omega) = \mathrm{STFT}_x(t-t_0,\omega)\mathrm{e}^{\mathrm{j}\omega t_0} \tag{2.9}$$

即短时傅里叶变换具有时移不变性, 其幅值不变而相位相差一个相位因子。

(2) 频移特性。若 $y(t) = x(t)\mathrm{e}^{\mathrm{j}\omega_0 t}$, 则

$$\mathrm{STFT}_y(t, \omega) = \mathrm{STFT}_x(t, \omega - \omega_0) \tag{2.10}$$

即短时傅里叶变换具有频移不变性, 保持了信号 $x(t)$ 的频移。

2.2.2　短时傅里叶变换的窗函数

由于在时刻 x 的短时傅里叶变换是信号 $f(x)$ 被窗函数 $g(t-x)$ 加窗后所得的频谱, 所以位于 x 为中心的窗宽内的信号特征都会由时间 x 的短时傅里叶变换反映出来[9-10]。显然, 短时傅里叶变换的高时间分辨率要求短窗宽度 $g(x)$。另一方面, 在频率 ω 处的短时傅里叶变换基本是 $f(x)$ 通过带通滤波器 $G(\omega' - \omega)$ 的结果。所以, 短时傅里叶变换的高频率分辨率要求窄带滤波器, 也就是要求长窗宽度 $g(x)$。由不确定性原理 (见 2.3 节) 可知, 不可能存在既是短时宽又是窄宽带的窗函数。在实际应用中, 要么牺牲时间分辨率以换取高频分辨率, 要么牺牲频率分辨率以换取高时间分辨率。

窗函数的选取决定了短时傅里叶变换的时频分辨率。下面考虑窗函数选择的两种极端情况。第一种情况是窗函数为无穷窄的冲激函数, 即 $g(x) = \delta(x)$。在此情况下, 有

$$\mathrm{STFT}_{f(x)}(x, \omega) = f(x)\mathrm{e}^{-\mathrm{j}\omega x}$$

短时傅里叶变换退化为时域信号, 具有理想的时间分辨率, 而不提供任何频率分辨率。第二种极端情况是使用不变的窗函数, 即 $g(x) = 1$。在此情况下, 有

$$\mathrm{STFT}_{f(x)}(x, \omega) = X(\omega)$$

短时傅里叶变换退化为信号的频谱, 而不提供任何时间分辨率。

在信号处理中不可避免地要遇到数据截断问题, 我们在实际工作中所能处理的离散序列总是有限长的, 把一个长序列变成有限长的短序列时不可避免地要用到窗函数, 窗函数本身的研究及应用是信号处理的一个基本问题。信号加窗不仅影响原信号在时域的形状, 也影响其在频域的形状, 而且由于加窗引起的能量泄漏会影响时频分析的效果, 因此需要根据被分析信号的特点, 选择不同性能的能量归一化的窗函数。常用的窗函数有矩形窗、高斯窗、汉明窗等。

2.2.3　短时傅里叶变换的计算

在计算机上实现一个信号的短时傅里叶变换时, 该信号必须是离散的, 且为有限长。设给定的信号为 $f(n)$, $n = 0, 1, \cdots, L-1$, 对应式 (2.8), 离散信号的短时

傅里叶变换为

$$\text{STFT}_f(m,k) = \sum_{n=0}^{M-1} f(n)g^*(n-mN)\mathrm{e}^{-\mathrm{j}\frac{2\pi}{M}nk}, \ k=0,1,\cdots,M-1 \quad (2.11)$$

式中, N 是时间轴上窗函数移动的步长; M 为频率离散化所分成的点数。若 $g(n)$ 的宽度小于 M, 那么可将其补零, 使之变成 M; 若 $g(n)$ 的宽度大于 M, 则应增大 M, 使之等于窗函数的宽度。式 (2.11) 的逆变换为

$$f(n) = \frac{1}{M} \sum_m \sum_{n=0}^{M-1} \text{STFT}_f(m,k)\mathrm{e}^{-\mathrm{j}\frac{2\pi}{M}nk} \quad (2.12)$$

式中, m 的求和范围取决于数据的长度 L 以及窗函数移动的步长 N。

2.4 节将给出计算短时傅里叶变换的 MATLAB 程序代码。

2.3　时频分辨率及不确定性原理

分辨率是关系时频表示特性的重要问题, 它包括频率分辨率和时间分辨率, 其含义是指对信号能作出辨别的时域或频域的最小间隔。形象地说, 频率分辨率是通过一个频域的窗函数来观察信号时所看到的时间的宽度。显然, 这样的窗函数越窄, 则相应的分辨率越好。分辨能力的好坏与窗函数的时宽和带宽直接相关[2]。

设用 Δ_x 和 Δ_ω 来衡量 $f(x)$ 和 $F(\omega)$ 的宽度, 分别称为有效时宽和有效带宽, 其定义为

$$\Delta_x^2 = \frac{1}{E} \int_{-\infty}^{\infty} x^2|x(t)|^2\mathrm{d}t$$

$$\Delta_\omega^2 = \frac{1}{2\pi E} \int_{-\infty}^{\infty} \omega^2|F(\omega)|^2\mathrm{d}\omega \quad (2.13)$$

式中, E 为信号的能量, 即

$$E = \int_{-\infty}^{\infty} |x(t)|^2\mathrm{d}t = \frac{1}{2\pi} \int_{-\infty}^{\infty} |F(\omega)|^2\mathrm{d}\omega \quad (2.14)$$

信号的时宽与带宽之间必须满足一定的制约关系, 也即不确定性原理: 给定信号 $f(x)$, 若 $\lim\limits_{x\to\infty} \sqrt{x}f(x) = 0$, 则

$$\Delta_x\Delta_\omega \geqslant \frac{1}{2} \quad (2.15)$$

当且仅当 $f(x)$ 为高斯信号, 即 $f(x) = A\mathrm{e}^{-ax^2}$ 时, 等号成立。

不确定性原理是信号处理中一个重要的基本原理, 又称海森伯不确定性原理。该原理指出, 对于给定的信号, 其时宽与带宽的乘积为一常数。当信号的时宽减小

时, 其带宽将相应增大, 时宽无穷小时, 带宽将变成无穷大, 如时域的单位冲激函数 $\delta(x)$; 反之亦然, 如时域的正弦信号。这就是说, 信号的时宽与带宽不可能同时趋于无限小, 这一基本关系即为时频分辨率的制约关系。

2.4 程序仿真

表 2.2   短时傅里叶变换信号仿真

```
function [Spec,Freq]=SEFT(Sig, nLevel, WinLen, SapFrep)
if (nargin<1) ,
    error('At least one parameter required!' );
end;
Sig=real(Sig) ;
SigLen=length(Sig) ;
if(nargin<4) ,
SampFreq m 1;
 end
 if (nargin<3),
     WinLen 64;
 end
 if (nargin<2),
     nLevel=513;
 end
 nLevel=ceil(nLevel /2) * 2+1;
WinLen=ceil(WinLen12) * 2+1;
WinFun=exp(−6* linspace(−1,1,WinLen) 2 );
WinFun=WinFun / norm(WinFun);
Lh=(WinLen−1)/2;
Ln=(nLevel−1)/2;
Spec=zeros (nLevel,SigLen);
wait=waitbar (0,'Under calculation, please wait...' );
for iLoop=1:SigLen,
waitbar (iLoop/SigLen,wait);
    iLeft=min([iLoop−1, Lh, Ln]);
    iRight=min([SigLeniLoop, Lh, Ln]);
    iIndex=−iLeft :iRight;
    iIndex1=iIndex+iLoop;
    iIndex2=iIndex+Lh+1;
Index=iIndex+Ln+1;
Spec(Index, iLoop)=Sig(iIndex1). *conj (WinFun(iIndex2));
```

```
end;
close(wait);
Spec=fft(Spec);
Spec=abs(Spec( 1:(end−1)/2, :));
Freq=linspace(0, 0.5, (nLevel−1)/2)*SampFreq;
t=(0: (SigLen−1)) / SampFreq;
clf
set(gcf, Position,[20 100 500 430]);
set(gcf, 'Color','w' );
axes('Position' ,0.1 0.45 0.53 0.5]);
mesh(t,Freq , Spec);
axis( [min(t) max(t) 0 max(Freq)];
colorbar
xlabel('t/s' );
ylabel('f/Hz' );
title('STFTB 时频谱图' );
axes('Position' ,[0.1 0.1 0.55 0.25]);
plot(t,Sig);
axis tight
ylabel('x(t)' );
title('时域波形' );
axes('Position' ,[0.73 0.45 0.24 0.5]);
PSP=abs(fft(Sig);
Freq=1inspace(0, 1, SigLen) * SampFreq:
plot (PSP(1:end/2), Freq(1:end/2));
title('频谱' );
```

注: Sig 为待分析信号; nLevel 为频率轴长度划分 (默认值为 512); WinLen 为汉宁窗长度 (默认值为 64); SampFreq 为信号的采样频率 (默认值为 1)。

参考文献

[1] 胡广书. 现代信号处理教程 [M]. 2 版. 北京: 清华大学出版社, 2015.

[2] 褚福磊, 彭志科, 冯志鹏, 等. 机械故障诊断中的现代信号处理方法 [M]. 北京: 科学出版社, 2009.

[3] 高西全, 丁玉美. 数字信号处理 [M]. 4 版. 西安: 西安电子科技大学出版社, 2016.

[4] 张贤达, 保铮. 非平稳信号分析与处理 [M]. 北京: 国防工业出版社, 1998.

[5] 李恒, 张氢, 秦仙蓉, 等. 基于短时傅里叶变换和卷积神经网络的轴承故障诊断方法 [J]. 振动与冲击, 2018, 37(19): 124-131.

[6] 王友仁, 王俊, 黄海安. 基于非线性短时傅里叶变换阶次跟踪的变速行星齿轮箱故障诊断 [J]. 中国机械工程, 2018, 29(14): 1688-1695.

[7] 李舜酩, 郭海东, 李殿荣. 振动信号处理方法综述 [J]. 仪器仪表学报, 2013, 34(08): 1907-1915.

[8] Cvetkovic Z. On discrete short-time Fourier analysis [J]. IEEE Transactions on Signal Processing, 2000, 48(9): 2628-2640.

[9] Kim Y H. Fault detection in a ball bearing system using a moving window [J]. Mechanical Systems and Signal Processing, 1991, 5(6): 461-473.

[10] Stazewski W J, Tomlinson G R. Local tooth fault detection in gearboxes using a moving window procedure [J]. Mechanical Systems and Signal Processing, 1997, 11(3): 331-350.

第 3 章　旋转机械振动信号小波降噪方法

在旋转机械故障诊断中, 由于受到周围环境、传感器质量及信号传输过程等因素的影响, 在被检测对象的信号中往往会混有各种噪声, 有的噪声干扰甚至大于实际的真实信号, 所以在旋转机械故障特征信息提取之前, 必须对信号进行降噪[1-2]。降噪方法有许多种, 如果真实信号频带与噪声频带能够相互分离, 则直接利用傅里叶变换降噪就比较有效; 如果信号频带与噪声频带是相互重叠的非平稳随机信号, 则傅里叶变换降噪方法存在许多难以克服的缺陷。小波变换是傅里叶变换的发展与创新, 应用小波变换进行降噪, 既能够保持傅里叶变换的优点, 又能够弥补傅里叶变换本身的不足, 即小波变换能同时提供信号时域和频域的局部化信息, 具有多尺度特性和 "数学显微镜" 特性。小波变换为解决旋转机械故障诊断中非平稳信号降噪等问题提供了有效途径[3-5]。

3.1　小波变换数学基础

3.1.1　小波定义

在函数空间 $\psi(t) = L^2(\mathbf{R})$ 中满足

$$\int_{-\infty}^{+\infty} \psi(t)\mathrm{d}t = 0 \tag{3.1}$$

$$C_\psi = \int_{-\infty}^{+\infty} \frac{\left|\widehat{\psi}(\omega)\right|^2}{|\omega|}\mathrm{d}\omega < +\infty \tag{3.2}$$

则 $\psi(t)$ 称为基本小波[6-7], 其中 $\widehat{\psi}(\omega)$ 为 $\psi(t)$ 的傅里叶变换。

基本小波 $\psi(t)$ 既可以伸缩又可以平移, 所以能够生成一个函数族, 即

$$\psi_{a,\tau}(t) = |a|^{-1/2}\psi\left(\frac{t-\tau}{a}\right) \tag{3.3}$$

则 $\psi_{a,\tau}(t)$ 称为连续小波或分析小波。

25

信号 $s(t)$ 的小波变换为

$$\left(W_\psi s\right)(\tau,a) = |a|^{-1/2} \int_{-\infty}^{\infty} s(t) \overline{\psi\left(\frac{t-\tau}{a}\right)} \mathrm{d}t \tag{3.4}$$

小波变换的内积表示为

$$(W_\psi s)(\tau,a) = \langle s(t), \psi_{\tau,a}(t) \rangle \tag{3.5}$$

式中, a 为与频率对应的伸缩因子; τ 为与时间对应的平移因子。

由此可以看出, $\psi_{a,\tau}(t)$ 是一个宽度可以变化的函数, 通过尺度 a 的变换可以在整个时间轴上得到一系列具有不同分辨率的变换, 即为小波变换 $(W_\psi s)(\tau,a)$。当尺度 a 增加时, 时间窗变宽, 因而频率窗会相应地变窄, 对含有多种成分信号的低频成分的提取是非常有利的; 相反, 当尺度 a 减少时, 时间窗则会变窄, 而频率窗会相应地变宽, 有利于对含有多种成分信号的高频成分的提取[8]。

3.1.2 离散化与框架

将小波函数 $\psi_{a,\tau}(t)$ 中的 a 和 τ 进行离散化, 取 $a = a_0^i, \tau = a_0^i k, i, k \in \mathbf{Z}$, 代入式 (3.3) 可得小波函数

$$\psi_{i,k}(t) = a_0^{-i/2} \psi_{a,\tau}(a_0^{-i}t - k), \ i,k \in \mathbf{Z} \tag{3.6}$$

在函数空间 $\psi(t) = L^2(\mathbf{R})$ 中

$$(W_\psi s)(i,k) = |a|^{-1/2} \int_{-\infty}^{\infty} s(t) \overline{\psi(a_0^{-i}t - k)} \mathrm{d}t \tag{3.7}$$

为信号 $s(t)$ 的离散小波变换, 其内积形式为

$$(W_\psi s)(i,k) = \langle s(t), \psi_{i,k}(t) \rangle \tag{3.8}$$

离散小波变换是将时间连续函数 $s(t)$ 变换到位移–尺度平面离散点处的函数 $(W_\psi s)(i,k)$, 与连续小波变换相比, 可能有很多信息会丢失。因此, 离散小波变换存在是否包含函数 $s(t)$ 的全部信息以及是否所有函数都可用 $\psi_{i,k}(t)$ 作为基来表示这两个问题。为了使离散小波变换能够包含信号 $s(t)$ 的全部信息, 可将离散后的信号进行重构, 并且在小波函数中限制尺度间隔 a 和时间间隔 τ。

3.1.3 多分辨率分析

多分辨率分析由 Mallat 和 Meyer 提出[9-10], 是理解和构造小波的统一框架, 是指空间 $L^2(\mathbf{R})$ 必须满足以下 6 条性质的一系列嵌套的子空间序列 $V_i \subset L^2(\mathbf{R})$, $i \in \mathbf{Z}$。

(1) 单调一致性: $V_i \subset V_{i-1}, \forall i \in \mathbf{Z}$。

(2) 渐进逼近性: $\bigcap\limits_{i\in\mathbf{Z}} V_i = \{0\}$, $\bigcup\limits_{i\in\mathbf{Z}} V_i = L^2(\mathbf{R})$。

(3) 平移不变性: $s(t) \in V_i \Leftrightarrow s(t + 2^i k) \in V_i$, 对所有的 $i, k \in \mathbf{Z}$。

(4) 正交直和分解: $V_{i-1} = V_i \oplus W_i$, $V_i \perp W_i$, $\forall i \in \mathbf{Z}$, 即 W_i 为 V_i 在 V_{i-1} 的正交补空间。

(5) 伸缩性: $s(t) \in V_i \Leftrightarrow s(2t) \in V_{i-1}$, $\forall i \in \mathbf{Z}$。

(6) 正交基 (Riesz) 存在性: 存在函数 $\varphi(t) \in V_i$, 使 $\{\varphi(t - n)\}_{n\in\mathbf{Z}}$ 是 V_i 的标准正交基。

若 $\{\varphi(t - n)\}_{n\in\mathbf{Z}}$ 为空间 V_i 的正交基, 由性质 (4) 知, $\{\varphi_{i,n}(t) = 2^{-i/2}\varphi(2^{-i}t - n)\}_{n\in\mathbf{Z}}$ 为子空间 V_m 的标准正交基。

上述公式中, $\varphi(t)$ 为多分辨率分析的尺度函数; V_i 为尺度 i 上的尺度空间; W_i 为小波函数空间。

由性质 (4) 可知, $L^2(\mathbf{R})$ 分解为 $V_{i-1} = V_i \oplus W_i$ 与性质 (2), 那么

$$L^2(\mathbf{R}) = \cdots \oplus W_{i-1} \oplus W_i \oplus W_{i+1} \oplus \cdots$$

所以, $\{W_i\}_{i\in\mathbf{Z}}$ 是 $L^2(\mathbf{R})$ 的一系列正交子空间。对于任意函数 $s(t) \in L^2(\mathbf{R})$, 都可以作基于上述多分辨率空间的分解, 也可以将函数 $s(t)$ 分解为细节部分 V_i 和近似部分 W_i, 再对近似部分作进一步分解。因此, 多分辨率分析的过程就是上述尺度函数空间不断递推分解的过程, 即将 V_i 分解为 V_{i+1} 和 W_{i+1}, 又将 V_{i+1} 分解为 V_{i+2} 和 W_{i+2}, 再将 V_{i+2} 继续分解为 V_{i+3} 和 W_{i+3}, 如此递推, 直到 V_{i+m-1} 分解为 V_{i+m} 和 W_{i+m}。其表达式为

$$V_i = W_{i+1} \oplus W_{i+2} \oplus \cdots \oplus W_{i+k} \oplus \cdots \oplus W_{i+m} \oplus V_{i+m}$$

重复以上分解, 就能够得到信号在任意尺度上的近似部分和细节部分, 构成多分辨率分析的框架。

3.1.4 离散小波分解与重构

基于多分辨率分析的理论, Mallat 于 1987 提出了 Mallat 算法[9-13], 又称塔式算法。假设小波分解的滤波器为 H、G, 小波重构的滤波器为 h、g, 并且 G、g 为高通滤波器, H、h 为低通滤波器。应用 Mallat 算法对信号进行分解和重构, 其分解的主要表达式如下:

$$
\begin{aligned}
&A_0[s(t)] = s(t) \\
&A_j[s(t)] = \sum_k H(2t - k)A_{j-1}[s(t)]
\end{aligned}
\tag{3.9}
$$

$$D_j[s(t)] = \sum_k G(2t-k)A_{j-1}[s(t)]$$

式中, $t = 1,2,3,\cdots,N$; $s(t)$ 为原信号; j 为层数, $j = 1,2,3,\cdots,J$, $J = \log_2 N$; A_j 为原信号 $s(t)$ 第 j 层低频部分的小波系数; D_j 为原信号 $s(t)$ 第 j 层高频部分的小波系数。离散小波分解如图 3.1 所示。

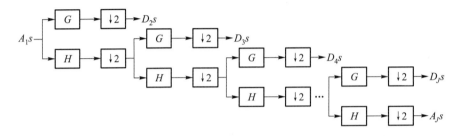

图 3.1   离散小波分解

$\boxed{H}$、$\boxed{G}$ —分别与 H、G 卷积; $\boxed{\downarrow 2}$ —隔点采样

Mallat 算法对信号进行离散小波重构的表达方式为

$$A_j[s(t)] = 2\left\{\sum_k h(t-2k)A_{j+1}[s(t)] + \sum_k g(t-2k)D_{j+1}[s(t)]\right\} \tag{3.10}$$

式中, j 为分解层数, 分解的最高层为 J。离散小波重构如图 3.2 所示。

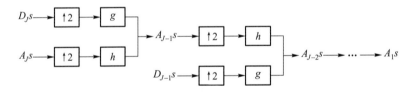

图 3.2   离散小波重构

$\boxed{h}$、$\boxed{g}$ —分别与 h、g 卷积; $\boxed{\uparrow 2}$ —隔点插零

3.2   几种小波滤波降噪方法

小波滤波降噪的目的是为了最大限度地保留有用信号的系数, 减小甚至完全剔除噪声系数, 以求得到有用信号的最优估计。小波滤波降噪是利用有用信号的系数与噪声系数在不同尺度上具有各自不相同性质的特点, 对含噪信号的系数进行小波变换处理。小波变换不仅对含噪信号能够进行降噪, 而且对含噪信号也能进行平滑、锐化, 同时保留其特征[14-17]。

3.2.1　小波滤波降噪方法

小波滤波降噪方法主要有模极大值滤波降噪、阈值滤波降噪、相关滤波降噪。

3.2.1.1　模极大值滤波降噪

Mallat 提出的基于小波变换的模极大值滤波降噪方法是根据有用信号和噪声在小波变换中各自尺度上传播特性不同这一特点，将因噪声而产生的模极大值点剔除掉，保留与有用信号相对应的模极大值点，再通过剩余的模极大值点进行小波系数重构，从而恢复所需要的信号[18]。

1. Lipschitz 指数

设信号 $s(t) \in L^2(\mathbf{R})$ 在 $t \in (t_0 - \varepsilon, t_0 + \varepsilon)$ 区域内，$P_n(t)$ 是 $s(t)$ 在 t_0 点的泰勒展开级数的前 n 项多项式，即

$$s(t) = \sum_{k=0}^{n} \frac{f^{(k)}(t_0)}{k!}(t - t_0)^k + 0(h^{n+1}) = P_n(t) + 0(h^{n+1}) \tag{3.11}$$

如果存在正整数 M，使得 $|s(t) - P_n(t - t_0)| \leqslant M|t - t_0|^{\alpha}$，$n < \alpha < n + 1$ 成立，那么称信号 $s(t)$ 在 t_0 处的 Lipschitz 指数为 α，这里 ε 是一个充分小的量。

一个信号的 Lipschitz 指数 α 值的大小表示信号 $s(t)$ 在 t_0 处奇异性的大小。如果 α 的值越大，奇异性就越大，函数就越光滑；相反，α 的值越小，奇异性就越小，函数的光滑度也变得越低。

如果对信号积分，即 $\int s(t)\mathrm{d}t$，其 Lipschitz 指数就为 $\alpha + 1$；如果对信号微分，即 $\mathrm{d}s(t)/\mathrm{d}t$，其 Lipschitz 指数就为 $\alpha - 1$。例如，斜坡函数的 Lipschitz 指数为 1；阶跃函数的 Lipschitz 指数为 0；δ 函数的 Lipschitz 指数为 -1；白噪声的 Lipschitz 指数为 $-1/2 - \varepsilon$，$\varepsilon > 0$。

设 $t_0 \in [a, b]$ 为信号 $s(t)$ 的局部突变点，则在 $t = t_0$ 点处，信号 $s(t)$ 的小波变换就称为模极大值，对于小波变换满足

$$|W_a s(t)| \leqslant K a^{\alpha} \tag{3.12}$$

即

$$\log |W_a s(t)| \leqslant \log K + \alpha \log a \tag{3.13}$$

式中，$K \geqslant 0$ 为常数。

当 a 在二进制尺度下，即 $a = 2^j$ 时，式 (3.12) 变为

$$|W_{2^j} s(t)| \leqslant K 2^{j\alpha} \tag{3.14}$$

两边取对数, 可得

$$\log_2 |W_{2^j} s(t)| \leqslant \log_2 K + j\alpha \tag{3.15}$$

从式 (3.15) 可以看出, 小波变换尺度 j 与信号的 Lipschitz 指数 α 是互相关联的。当 $\alpha = 0$ 时, 小波变换系数的幅值是不会随尺度变化而改变的; 当 $\alpha > 0$ 时, 小波变换系数的幅值将会随着小波变换尺度 j 的增加而相应地增大; 而当 $\alpha < 0$ 时, 小波变换系数幅值会随着小波变换尺度 j 的增加而相应地减小。如果旋转机械出现了故障, 所采集的信号就会在故障点处发生一个突变, 故障信号近似于阶跃函数或者斜坡函数, 即 $\alpha \in (0, 1)$, 则信号小波变换的模极大值将会随着尺度的增加而增加; 对于那些噪声或杂波信号, 可近似认为是 δ 函数, 即 $\alpha \in (-1, 0)$, 则模极大值将会随着尺度的增加而减小。这说明在小波变换的各尺度上, 信号与噪声的模极大值是按照截然不同的方向进行传播的。

由此可知, 模极大值点的幅值如果随着尺度的增大而显著地减小, 则说明该模极大值点是由噪声产生的; 相反, 如果随着尺度的增大, 模极大值点的幅值也逐渐增大, 则说明该模极大值点是由有用信号产生的。

对于含有噪声的信号来说, 通过小波变换进行降噪时, 信号的小波变换可以由所含噪声的小波变换与真实有用信号的小波变换按照线性叠加而成。根据真实有用信号和噪声信号内部存在的不同准则, 观察模极大值的变化规律, 剔除那些幅值随尺度的递增而减小的极值点, 保留那些幅值随尺度的递增而增大的极值点, 经过连续若干次小波变换后, 与噪声相对应的模极大值就会基本去除, 而剩余的极值点就是由信号产生的, 最后再以极值点作为准绳来重构信号, 以达到降噪的目的。

2. 模极大值滤波降噪的改进

模极大值滤波降噪法要求对所有的信号进行二进制尺度分解, 这对信号特征的识别是不利的[19]。为了克服算法中存在的这一缺点, 采用自适应的小波变换尺度来替代二进制尺度小波变换, 以获得更好的检测信号降噪效果。改进的模极大值滤波降噪方法如下:

首先, 利用最佳分解尺度对所采集的振动信号进行离散的小波变换, 把不同尺度上的各小波系数赋给模极大值的数组

$$(x_1, x_2, \cdots, x_j), \quad j = 1, 2, \cdots, J$$

式中, J 为最大尺度。

其次, 分别求出不同尺度上的各个模极大值点, 从最大尺度开始, 依次选取不同分解尺度上的模极大值点, 每次选取时要按照上一级已经找到的极值点的位置作为先验知识, 寻找它在本级所对应的极值点。如果相邻两个尺度上的模极大值符号相同, 并且位置又靠得比较近, 那么就选取后一个点作为前一个点的传播点, 同时估计出信号的模极大值点。

最后, 保留模极大值点, 并将那些非模极大值点都置为零, 这样噪声的小波系数就被去除掉, 而有用信号的小波系数则被保留, 再将有用信号的小波系数进行小波逆变换, 即可得到去除噪声后的信号。

3.2.1.2 阈值滤波降噪

小波阈值滤波降噪方法认为所有的有用信号对应的小波系数都包含该信号的重要信息, 并且信号的幅值比较大, 但数目是比较少的; 而噪声信号所对应的小波系数的分布是一致的, 并且个数比较多, 但幅值是比较小的。根据这一特点, Donoho 等[20-22] 提出了硬阈值降噪和软阈值降噪算法。

1. 硬阈值和软阈值滤波降噪算法

硬阈值函数表达式为

$$\widehat{W}_{j,k} = \begin{cases} W_{j,k}, & |W_{j,k}| \geqslant \lambda \\ 0, & |W_{j,k}| < \lambda \end{cases} \tag{3.16}$$

软阈值函数表达式为

$$\widehat{W}_{j,k} = \begin{cases} \mathrm{sgn}\,(W_{j,k})\,(|W_{j,k}| - \lambda), & |W_{j,k}| \geqslant \lambda \\ 0, & |W_{j,k}| < \lambda \end{cases} \tag{3.17}$$

式中, $W_{j,k}$ 为小波系数; $\widehat{W}_{j,k}$ 为近似的小波系数; λ 为阈值, 取 $\lambda = \sigma\sqrt{2\lg N}$, N 是信号的长度。

根据式 (3.16) 和式 (3.17) 可知, 如果小波系数的幅值大于某一个临界阈值 λ 时, $W_{j,k}$ 主要是由信号引起的, 就直接把这一部分的小波系数 $W_{j,k}$ 全部保留下来, 即为硬阈值法; 如果按照某一个固定的量向零收缩得到部分小波系数 $W_{j,k}$, 即为软阈值法。通过以上两种方法对小波系数进行阈值处理后, 将新得到的小波系数再进行小波重构, 即可以得到去噪以后的信号。而对于那些小波系数的幅值小于临界阈值 λ 的, 则可以认为这时的小波系数主要是由噪声引起的, 应该舍弃[23]。

2. 新阈值滤波降噪算法

在实际信号降噪的应用中, 硬阈值函数在整个小波域内是不连续的, 存在间断点, 并且只对小于阈值的小波系数进行处理, 而对于那些大于阈值的小波系数不进行处理, 以致降噪信号具有较大方差; 软阈值函数在小波域内是连续的, 虽然不存在间断点的问题, 但它的导数确是不连续的, 而在实际应用中经常要对信号进行一阶导数甚至高阶导数运算处理, 并且对软阈值函数降噪时那些大于阈值的小波系数是采取恒定值压缩的, 这实际上与噪声分量随小波系数增大而逐渐减小的趋势不

相符[24-26]。为了克服软阈值和硬阈值方法在降噪中的缺点，下面构造一种新的阈值函数，其公式为

$$\widehat{W}_{j,k} = \begin{cases} (1-\mu)\,W_{j,k} + \mu \cdot \mathrm{sgn}\,(W_{j,k})\,(|W_{j,k}| - \mu\lambda), & |W_{j,k}| \geqslant \lambda \\ 0, & |W_{j,k}| < \lambda \end{cases} \tag{3.18}$$

式中

$$\mu = \frac{\lambda}{|W_{j,k}| \cdot \mathrm{e}^{\left(\left|\frac{W_{j,k}}{\lambda}\right| - 1\right)}}$$

当 $|W_{j,k}| = \lambda$ 时，$\widehat{W}_{j,k} = 0$；当 $|W_{j,k}| \to \lambda$ 时，$\mu \to 1$，$\widehat{W}_{j,k} \to 0$，即在 $|W_{j,k}| = \lambda$ 连续；当 $|W_{j,k}|$ 逐渐增大时，$\widehat{W}_{j,k}$ 和 $|W_{i,j}|$ 之间的差距减小，$||W_{j,k}|| \to \infty$ 时，$\widehat{W}_{j,k} \to W_{j,k}$。

证明:

(1) 当 $|W_{j,k}| = \lambda$ 时，$\mu = 1$，$\widehat{W}_{j,k} = 0$。

(2) 当 $|W_{j,k}| \to \lambda$ 时，$\mu \to 1$，$\widehat{W}_{j,k} \to 0$。

(3) 当 $|W_{j,k}|$ 逐渐增大时，若 $W_{j,k} > 0$，构造函数 $F = \widehat{W}_{j,k} - W_{j,k}$，整理可得

$$F = \frac{-\lambda^3}{W_{j,k}^2 \cdot \mathrm{e}^{2\left(\frac{W_{j,k}}{\lambda} - 1\right)}}$$

易知 $F < 0$。且当 $|W_{j,k}| \to \infty$ 时，$F \to 0$。

用 x 代替 $W_{j,k}$ 可得

$$F(x) = \frac{-\lambda^3}{x^2 \cdot \mathrm{e}^{2\left(\frac{x}{\lambda} - 1\right)}}$$

对 x 进行求导，得到

$$F'(x) = \frac{2\lambda^2}{x^2} \mathrm{e}^{-2\left(\frac{\lambda}{x} - 1\right)} \left(\frac{\lambda}{x} + 1\right)$$

显然，$F'(x) > 0$，即 $F(x)$ 是单调递增的，又因为当 $|W_{j,k}| \to \infty$ 时，$F \to 0$，所以随着 $|W_{j,k}|$ 的增大，F 逐渐趋近于 0，也就是说 $\widehat{W}_{j,k}$ 逐渐趋近于 $W_{j,k}$。

当 $W_{j,k} < 0$ 时，同理可以证明结论是正确的。

图 3.3 为新阈值、硬阈值、软阈值函数曲线的比较。

对比图 3.3 中曲线可以看出，新构造的阈值函数不仅能够解决硬阈值函数在降噪过程中使信号存在间断性的问题，而且又能克服软阈值函数使信号出现恒定偏差的缺陷，所以新阈值函数的降噪效果要优于软、硬阈值函数的。

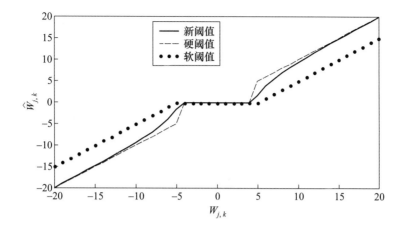

图 3.3 新阈值、硬阈值、软阈值函数曲线比较

3. 阈值滤波降噪步骤

假设一含噪信号为

$$y(t) = s(t) + a\varepsilon$$

式中, $y(t)$ 为含噪信号; $s(t)$ 为原始信号; a 为噪声强度; ε 为高斯白噪声。则阈值滤波降噪步骤如下:

(1) 对含噪信号 $y(t)$ 进行小波变换, 得到一组小波系数 $W_{j,k}$。

(2) 通过对小波系数 $W_{j,k}$ 进行阈值处理, 可得到近似的小波系数 $\widehat{W}_{j,k}$, 并要求近似小波系数 $\widehat{W}_{j,k}$ 尽可能地接近真实小波系数 $W_{j,k}$, 即 $\left\|\widehat{W}_{j,k} - W_{j,k}\right\|$ 尽量小。

(3) 利用近似小波系数 $\widehat{W}_{j,k}$ 进行小波重构, 即可得到去噪后的信号 $\widehat{s}(t)$。

在降噪过程中, 阈值的处理直接影响小波降噪的效果, 因此要选取一个好的阈值函数。

4. 阈值的选取

在阈值大小的选取中, 如果阈值选得过大, 信号中有用的高频信息将会丢失, 使信号失真; 阈值如果选得过小, 会有过多的噪声被保留, 去除噪声的效果会较差。阈值选取常采用以下 3 种方法[27-28]:

1) penalty 阈值选取

阈值由以下公式求得:

$$\mathrm{crit} = -\sum c_k^2 + 2\sigma^2 t\left[a + \log\frac{n}{t}\right] \tag{3.19}$$

式中, c_k 为小波分解系数; n 为系数的总数; t 为最小值 t^* 时, 阈值为

$$\lambda = |c_{t^*}| \tag{3.20}$$

σ 为信号噪声强度; a 为经验系数, 如果 a 增大, 降噪信号的小波系数会变得稀疏, 重构后的信号也会变得光滑, 一般取 $a = 2$。

2) Brige – Massart 阈值选取

(1) 选取一个指定的分解层数 j, 保留 j 层以上的所有系数。

(2) 对第 i 层 ($1 \leqslant i \leqslant j$), 保留绝对值最大的 N_i 个系数。N_i 由下式确定:

$$N_i = M(j + 2 - i)^{\alpha} \tag{3.21}$$

式中, M 和 α 为经验系数, M 满足 $L(1) \leqslant M \leqslant L(2)$, 在缺省的情况下, $M = L(1)$; α 根据用途的不同, 取值是变化的, 一般取 $\alpha = 2 \sim 3$。

3) 固定阈值选取

$$\lambda = \sigma \sqrt{2 \ln N} \tag{3.22}$$

式中, σ 为标准方差; N 为信号的长度。

在计算阈值时, 由于不知道信号的标准方差 σ, 所以要先估计噪声的标准方差 σ。常用下式作为标准方差 σ 的估计算法:

$$\sigma = \frac{\text{median}(d_j(k))}{0.674\,5}$$

式中, j 是小波分解尺度; $\text{median}(d_j(k))$ 表示取中间值。

为了验证新阈值函数在信号降噪时优于软、硬阈值函数, 下面以正弦加白噪声信号函数 $x(t) = \sin(0.03t) + n(t)$ 为例进行降噪。图 3.4 所示为含噪正弦原始信号, 降噪时首先采用 db4 小波对正弦带噪信号进行分解, 其分解层数为 4, 再通过 stein 无偏估计阈值函数计算小波系数的阈值大小, 并分别应用软阈值、硬阈值和新阈值, 最后重构阈值作用后的小波系数。图 3.5、图 3.6 和图 3.7 所示分别为应用软阈值、硬阈值和新阈值降噪的信号。

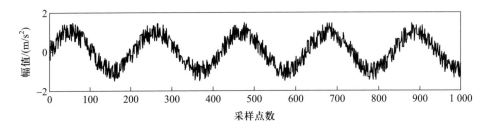

图 3.4 含噪正弦原始信号

从图 3.5、图 3.6 和图 3.7 可以看出, 采用不同阈值方法降噪, 则降噪后的正弦曲线明显不同。应用新阈值函数降噪后, 信号的特征更加接近于原始正弦信号, 而用软阈值函数和硬阈值函数降噪后的信号其偏差相对新阈值函数的较大。软阈值

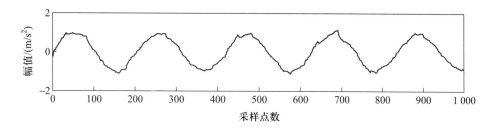

图 3.5　软阈值降噪信号

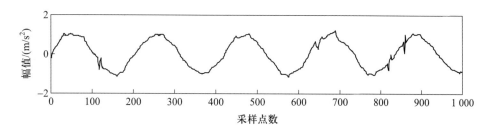

图 3.6　硬阈值降噪信号

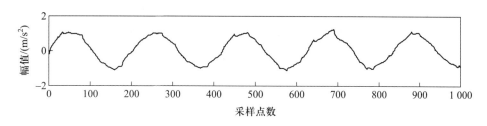

图 3.7　新阈值降噪信号

函数降噪得到的正弦曲线相对平滑, 但在降噪过程中由于部分有用成分被当作噪声, 使重构的信号有一定程度的失真; 硬阈值函数降噪后的曲线较为粗糙, 且带有一定的毛刺。通过 3 种阈值的对比发现, 新阈值函数降噪效果比较理想, 要优于传统的阈值降噪。

3.2.1.3　相关滤波降噪

相关滤波降噪是对含噪的振动信号首先进行小波变换, 然后再将振动信号中相邻尺度的小波系数进行相乘。对于有故障的突变信号来说, 小波分解系数就会增强, 而随机噪声信号由于和有用信号是不相关的, 小波分解系数将会变得更加微弱。根据相关性小波分解系数的大小, 最后直接重构信号。相关滤波降噪作为一种信号处理方法, 用于旋转机械设备的早期故障预测, 能够准确地确定信号边缘或其他重要特征位置[29-30]。

假设小波分解的最大尺度为 J, $W(j, n)$ 表示尺度 j 上位置在 n 处的含噪信号

的离散小波变换, 选取其相邻尺度的变换值, 进行相关分析, 则公式可表示为

$$\mathrm{Corr}_l(j,n) = \prod_{i=0}^{l-1} W(j+i,n), \ n = 1,2,\cdots,N$$

式中, N 为信号长度; n 为时间; j 为尺度, $j < J - l - 1$; l 为直接相乘所包含的尺度数。

经过对相邻层小波分解系数进行直接乘积 $\mathrm{Corr}_2(1,n) = W(j,n) \times W(j+1,n)$ 后, 与 $W(1,n)$ 中的突然跳动相比, 原始信号中的瞬态非平稳信号 $\mathrm{Corr}_2(1,n)$ 的系数表现更加尖锐。利用这种相关的特征可将信号中的一些重要特征信息与噪声区别开来。

在小波变换的相关滤波降噪中, 一般取 $l=2$, $\widehat{W}$ 为滤波后的小波值, 初始化时全部元素都置为 0。相关滤波降噪的步骤如下:

(1) 对含有噪声的振动信号进行小波变换 $W(j,n)$, 求出振动信号的各尺度以及相邻尺度的 $\mathrm{Corr}_2(j,n)$, 从而可以得到增强的突变信号和变弱的噪声信号。

(2) 将 $\mathrm{Corr}_2(j,n)$ 重新归一化到 $W(j,n)$ 的能量上去, 可以得到归一化的相关值, 其公式为

$$\mathrm{NewCorr}_2(j,n) = \sqrt{\frac{P_W(j)}{P_{\mathrm{Corr}_2}(j)}}$$

式中, $P_{\mathrm{Corr}_2}(j) = \sum_{n=1}^{N} \mathrm{Corr}_2(j,n)^2$; $P_W(j) = \sum_{n=1}^{N} \mathrm{Corr}_2(j,n)^2$。

(3) 假设 $|\mathrm{NewCorr}_2(j,n)| \geqslant |W(j,n)|$, 则可以认为 n 点处小波变换是由振动信号产生的, 将 $W(j,n)$ 赋予 $\widehat{W}$ 的相应位置, 并将 $W(j,n)$ 的全部元素都变为 0; 反之, 则可认为 $W(j,n)$ 是由噪声产生的, 保留 $W(j,n)$。

(4) 返回步骤 (1), 重复步骤 (2) 和 (3), 直到 $P_W(j)$ 能够满足一个与噪声能量水平有关的阈值比 $\mathrm{th}(j)$ 为止。

在小波变换的相关滤波降噪过程中, 能量的归一化、数据的比较以及边缘信息的提取是一个迭代的过程, 直到 $W(j,n)$ 中未抽取点的能量接近于一个参考噪声为止。

对于那些低尺度的情况, 除了那些尖锐的边缘, 噪声就占了分解以后信号的主要成分。如果直接将 $|\mathrm{NewCorr}_2(j,n)|$ 与 $|W(j,n)|$ 进行比较, 就会有很多噪声被认为是从边缘信号中抽取出来的, 这时需要将 $|W(j,n)|$ 乘上一个大于 1 的权重因子 $\lambda(j)$, 才可能避免该情况的发生。只有当 $|\mathrm{NewCorr}_2(1,n)| \geqslant \lambda(j)|W(1,n)|$ 时, 才认为抽取的是信号边缘。

3.2.2　小波降噪方法性能比较

阈值滤波降噪在信号降噪中是最简单的一种方法, 只要阈值选择得合理, 降噪效果就比较明显; 而模极大值滤波降噪的理论基础好, 滤波性能较稳定, 对信噪比低的信号降噪会更具有优越性, 但是计算量大, 实际降噪效果一般; 相关滤波降噪其原理比较简单, 但是计算量较大, 需要进行迭代, 并且采用了阈值滤波降噪方法中的一些思想, 在实际应用中还需要估计噪声中的方差才可设定适当的阈值。表 3.1 为 3种小波降噪方法的性能比较[31]。

表 3.1　3 种小波降噪方法的性能比较

降噪方法	模极大值滤波降噪	阈值滤波降噪	相关滤波降噪
计算量大小	大	小	较大
降噪效果	较好	好	好
稳定性	比较稳定	依赖于信噪比高低	比较稳定
使用信号范围	低的信噪比信号	高的信噪比信号	高的信噪比信号

以上 3 种滤波降噪方法各有优缺点, 阈值滤波降噪在旋转机械振动信号分析中应用更为广泛。

3.3　旋转机械故障信号小波阈值滤波降噪及分析

实验数据由美国凯斯西储大学轴承数据中心提供, 采用深沟球轴承, 型号为 6205-2RS 型, 数据采集时的采样频率为 12 000 Hz, 实验电机无负荷, 转速为 1 797 r/min。截取 3 000 个采样数据进行分析。根据滚动轴承故障特征频率计算公式得轴承故障特征频率, 如表 3.2 所示。

表 3.2　轴承规格与故障特征频率

轴承参数	轴承故障频率	故障深度
外径 52mm	内圈故障频率 162.19 Hz	0.28mm
内径 25mm	外圈故障频率 107.37 Hz	
宽度 15mm	球体故障频率 141.17 Hz	
节圆直径 39mm		

以深沟球轴承内圈的原始故障信号为例 (见图 3.8) 进行小波变换 (见图 3.9), 选用 db4 小波, 进行 4 层分解。

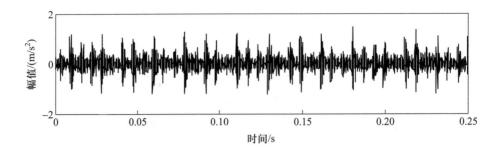

图 3.8   原始信号

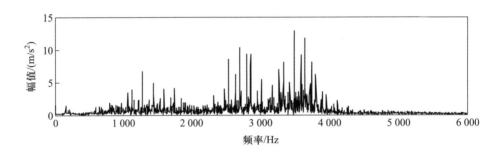

图 3.9   频域信号

从原始故障信号波形可以看出，时域信号虽然存在脉冲，但很难分辨出脉冲与脉冲之间的时间间隔，而频域信号中在频率较大值处峰值也比较大，这使各个峰值的物理意义不能明显显示，且夹杂的噪声信号较多。为了准确分析轴承故障的频率带宽，将其波形细化，如图 3.10 所示。可以看出，在频率为 160 Hz 处峰值较大，但在其他频率处也存在着一些较大的峰值，所以仅靠细化频谱不能准确地判断故障的类型。

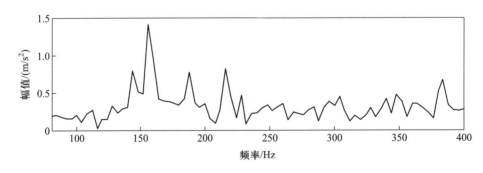

图 3.10   频域信号的细化谱

为此，对原始的含噪信号进行降噪处理，采用 db4 小波对振动信号进行分解，分解层数为 4，并对分解后的小波系数进行软阈值降噪、硬阈值降噪和新阈值降噪。图 3.11、图 3.12、图 3.13 分别为软阈值降噪后的时域信号、频域信号、频域信号细化谱。

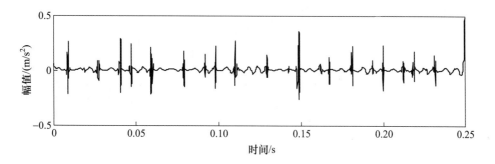

图 3.11 软阈值降噪后的时域信号

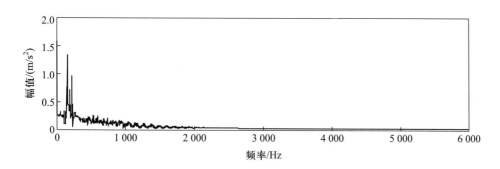

图 3.12 软阈值降噪后的频域信号

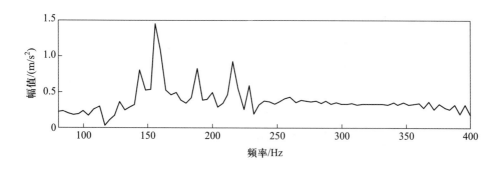

图 3.13 软阈值降噪后的频域信号细化谱

由图 3.11 和图 3.12 可知, 降噪后幅值降低, 脉冲比较明显, 大量的噪声得以去除, 但仍然有部分噪声存在, 信号的分析受到影响。由图 3.13 可明显看出故障频率在 160 Hz 附近, 但其他频率段的幅值仍然比较大, 故障类型不明显。

图 3.14、图 3.15、图 3.16 分别为硬阈值降噪后的时域信号、频域信号、频域信号细化谱。由图 3.14 和图 3.15 可知, 时域信号有明显的脉冲, 并且幅值也比软阈值降噪的大; 频域信号显示的效果比较好。由图 3.16 可明显看出故障频率在

160 Hz 附近, 与轴承内圈故障的计算频率相同, 能够确定信号的故障类型, 但仍然存在其他频率的峰值, 无法确定内圈故障是否只有这一种情况。

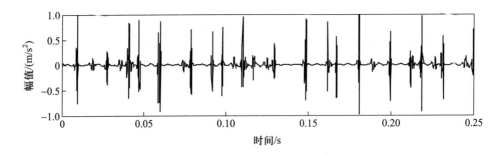

图 3.14 硬阈值降噪后的时域信号

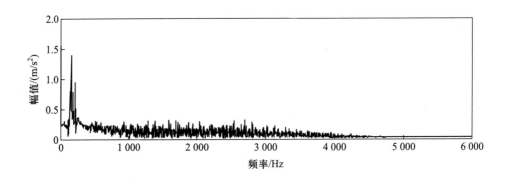

图 3.15 硬阈值降噪后的频域信号

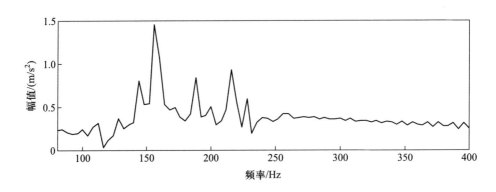

图 3.16 硬阈值降噪后的频域信号细化谱

图 3.17、图 3.18、图 3.19 分别为采用新阈值降噪后的时域信号、频域信号、频域信号细化谱。新阈值降噪与软阈值、硬阈值降噪相比, 时域信号有比较明显的等间距脉冲间隔, 频域信号的降噪效果也更加明显, 得到的细化谱只在 160 Hz 左右的幅值较大。因此, 可以较容易地判断信号的故障类型, 即为滚动轴承内圈故障。

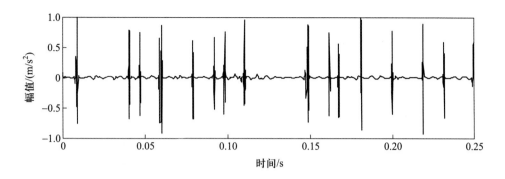

图 3.17 新阈值降噪后的时域信号

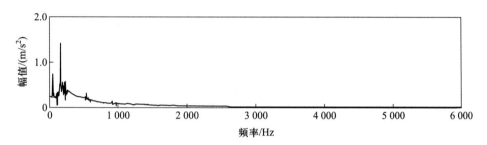

图 3.18 新阈值降噪后的频域信号

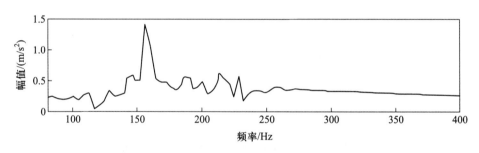

图 3.19 新阈值降噪后的频域信号细化谱

将以上 3 种阈值降噪方法应用于滚动轴承振动信号降噪时发现, 新阈值函数降噪效果有较好的降噪效果。表 3.3 为 3 种阈值降噪后的信噪比 (signal-noise ratio, SNR) 和均方根误差 (root mean squared error, RMSE)。

表 3.3 各阈值降噪方法对比

参数	硬阈值降噪	软阈值降噪	新阈值降噪
SNR	4.146 0	3.178 5	6.734 1
RMSE	0.038 2	0.031 4	0.021 6

可以看出, 采用前文提出的新阈值降噪方法, 其信噪比最高, 为 6.734 1; 均方根

误差最小, 为 0.0216。因此, 采用新阈值降噪方法的效果比软阈值和硬阈值降噪的效果好。

3.4 双树复小波

3.4.1 定义和性质

在 20 世纪 80 年代, 法国学者 Daubechies 和 Matlat 等将小波分析理论引入工程应用中。小波变换具有多分辨率的优点, 可以较好地反映信号的局部特征, 在微弱且背景噪声强的随机信号处理分析中具有重要应用。尽管离散小波变换 (discrete wavelet transform,DWT)[32] 使用广泛, 但仍有一些劣势: 首先, 隔点采样会丢失部分信息, 信号变换有平移敏感性, 也就是说信号的一个相当小的平移就会使小波系数产生显著变化; 其次, 由于小波滤波器并不理想的截止性质以及在分解过程中的隔点采样, 在信号分解和重构过程中会产生不真实的频率成分。由此, 频率混叠会造成小波分解系数不能准确地反应状态信息, 从而使特征信息的提取效果受到影响。

传统的离散小波包变换 (discrete wavelet packet transform, DWPT) 常用于信号的降噪处理, 但是该方法在对信号进行分解与重构的环节会出现频率混叠的现象, 对下一步特征信号的提取造成一定的干扰。针对上述问题, 引入了双树复小波变换 (dual-tree complex wavelet transform, DT–CWT)。双树复小波变换最初是由 Kingsbury 等[33] 提出的, Selesnick 等[34] 对其内容作了进一步完善。双树复小波变换不仅保留了复小波变换的优点, 还具有近似平移不变性、完全重构性等优点。双树复小波变换是由两个上下平行通道的离散小波变换构成的, 每个通道分别由两个不同的滤波器构成, 分别将其称为实部树和虚部树。为了使实部树和虚部树实现信息的互补和近似平移不变性, 更多地保留振动信号的有效信息, 在振动信号的分解与重构过程中将虚部树的采样部分放置在实部树中央位置, 使其能充分有效利用两个部分的小波分解系数。双树复小波变换在振动信号的各层分解过程中借用小波系数中的二分法, 省去了重复的计算过程, 将计算的速度进一步提高。双树复小波变换的分解与重构原理如图 3.20 所示。

双树复小波变换[35-36] 是采用二叉树结构 (树 a 和树 b) 的两路离散小波变换, 树 a 生成实部, 而树 b 生成虚部。图 3.20 中, h_0、h_1 表示共轭正交滤波器对; g_0、g_1 表示共轭积分滤波器对; 2↓ 表示隔点采样。双树复小波变换的思想路线是: 在第一层分解中, 若要求树 a 和树 b 的滤波器之间的延迟刚刚为一个采样间隔, 则可以保证树 b 中第一层隔点采样后所得的数据恰好是树 a 中因隔点采样所丢掉的数据, 这样就会降低数据的丢失率, 也就不会有平移敏感性了。而后的各层分解中, 为

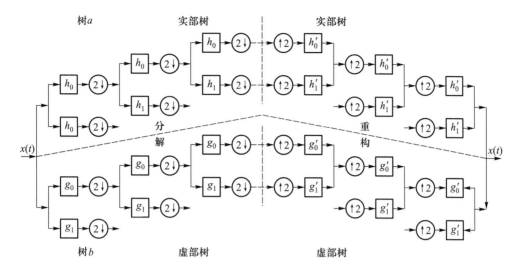

图 3.20 双树复小波的分解与重构原理

确保树 a 和树 b 在这层和其之前的各层上的延迟差总和相对输入刚好有一个采样周期，则两树所对应的滤波器相频响应之间刚好有半个采样周期的群延迟，而且两组滤波器的幅频相同。为了确保滤波器之间的线性相位，Kingsbury 采用双正交小波变换，要求两树中其中一树的滤波器为奇数长，而另一树的滤波器则为偶数长。因此，要使这两树呈现好的对称性，只要在每树的不同层次间采用交替的奇偶滤波器即可。

一维复小波表示为：

$$\varphi(t) = \varphi_h(t) + \mathrm{i}\varphi_g(t) \tag{3.23}$$

式中，$\varphi_h(t)$、$\varphi_g(t)$ 分别为正交或双正交的两个实小波；i 为复数单位。

双树复小波变换由两个小波变换组成，根据小波变换的理论知识，实部树的小波系数和尺度系数为

$$dI_j^{\mathrm{Re}}(n) = 2^{j/2} \int_{-\infty}^{+\infty} x(t)\varphi_h(2^j t - n)\mathrm{d}t, \ j = 1, 2, \cdots, J \tag{3.24}$$

$$cI_J^{\mathrm{Re}}(n) = 2^{J/2} \int_{-\infty}^{+\infty} x(t)\varphi_h(2^J t - n)\mathrm{d}t \tag{3.25}$$

同理，虚部树的小波系数和尺度系数为

$$dI_j^{\mathrm{Im}}(n) = 2^{j/2} \int_{-\infty}^{+\infty} x(t)\varphi_g(2^j t - n)\mathrm{d}t, \ j = 1, 2, \cdots, J \tag{3.26}$$

$$cI_J^{\mathrm{Im}}(n) = 2^{J/2} \int_{-\infty}^{+\infty} x(t)\varphi_g(2^J t - n)\mathrm{d}t \tag{3.27}$$

则双树复小波的小波系数和尺度系数为

$$d_j^{\psi}(n) = dI_j^{\mathrm{Re}}(n) + dI_j^{\mathrm{Im}}(n), \ j = 1, 2, \cdots, J \tag{3.28}$$

$$c_J^{\psi}(n) = cI_J^{\mathrm{Re}}(n) + cI_J^{\mathrm{Im}}(n) \tag{3.29}$$

最后, 对双树复小波变换的小波系数和尺度系数进行重构, 即

$$d_j(t) = 2^{(j-1)/2}\left[\sum_{-\infty}^{+\infty} dI_j^{\mathrm{Re}}(n)\varphi_h(2^j t - n) + \sum_{-\infty}^{+\infty} dI_j^{\mathrm{Im}}(n)\varphi_g(2^j t - n)\right] \tag{3.30}$$

$$c_J(t) = 2^{(J-1)/2}\left[\sum_{-\infty}^{+\infty} cI_J^{\mathrm{Re}}(n)\varphi_h(2^J t - n) + \sum_{-\infty}^{+\infty} cI_J^{\mathrm{Im}}(n)\varphi_g(2^J t - n)\right] \tag{3.31}$$

双树复小波变换具有如下两个性质:

(1) 平移不变性。

采用 Mallat 算法[37-40] 得到离散小波变换有平移敏感性, 而设计了合理滤波器的双树复小波变换却能消除这方面的缺陷, 能够达到近似平移不变性的效果。图 3.21 为输入一阶跃信号后[41], 用双树复小波变换和离散小波变换分别进行 4 层分解结构所得到对应小波函数和尺度函数平移敏感性的测试结果, d1 ~ d4 和 a4 表示各尺度下的重构信号。由图可见, 当信号存在延时时, 双树复小波变换结果也有相应的延时, 不会如离散小波变换那样出现明显的振荡现象。这说明双树复小波变换具有近似平移不变性的特性, 而离散小波变换却不具有这一特性。所以当进行信

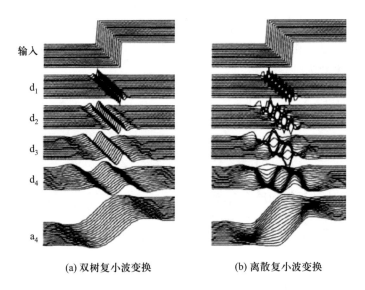

(a) 双树复小波变换   (b) 离散复小波变换

图 3.21 双树复小波变换和离散小波变换

号分析时, 若在时域或小波域对信号作处理, 打破小波变换的平衡, 则离散小波变换结果都是不正确的; 而双树复小波变换就克服了这个缺陷, 从而使分析结果更准确。

(2) 抗混叠效应。

离散小波变换在实际信号分析处理中可能会产生严重的频率混叠现象。当原始信号包含了几种不同频率的周期信号时, 离散小波变换所分解出的不同层次信号的频率可能包含其他的频率成分。为检验双树复小波变换具有抗混叠效应, 设计了一个含有多频率成分的仿真信号[33-34,42]。

$$x(t) = x_1(t) + x_2(t) + x_3(t) + x_4(t) + x_5(t)$$

式中, $x_1(t) = 0.5\sin 100\pi t$, $x_2(t) = \sin 200\pi t$, $x_3(t) = 1.5\sin 300\pi t$, $x_4(t) = 0.5\sin 400\pi t$, $x_5(t) = 0.6\sin 500\pi t$。

上述仿真信号在时域的波形图以及快速傅里叶变换后的频谱图如图 3.22 所示, 其中采样频率为 1 024 Hz, 采样时间为 0.256 s, 采样点数为 512。

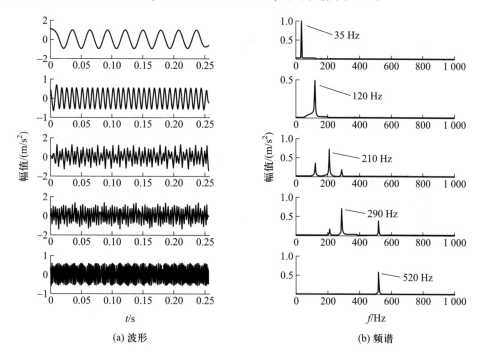

图 3.22 4 层双树复小波变换分解后的波形及频谱

对仿真信号进行 4 层的 db5 离散小波分解后[43], 各层小波系数的重构结果如图 3.22a 所示。图 3.22b 为各层重构信号的频谱图, 可以看出, 仿真信号经 db5 小波分解后, 各层的重构信号具有相当严重的频率混叠现象, 例如在第一层的细节部分 d1 信号中就存在原始信号所不具有的 270 Hz、320 Hz 和 370 Hz 的频率。这些频率成分是 db5 离散小波变换在分解和重构过程中的隔点抽样和隔点插零所引起的不真实频率。理论上,第一层细节部分本应只包含 250 Hz。

3.4.2 降噪实例

为了对比分析小波变换与双树复小波变换在信号降噪效果方面的差异,进行如下仿真:

$$x = \sin(0.02 \times n) + 0.6 \times \mathrm{rand}(\mathrm{size}(n)) \tag{3.32}$$

取采样点数为 2 500,采样频率为 2 000 Hz,选用 db2 小波进行降噪分解,对信号进行 4 层分解。图 3.23 为采用小波变换和双树复小波变换降噪后的时域信号。

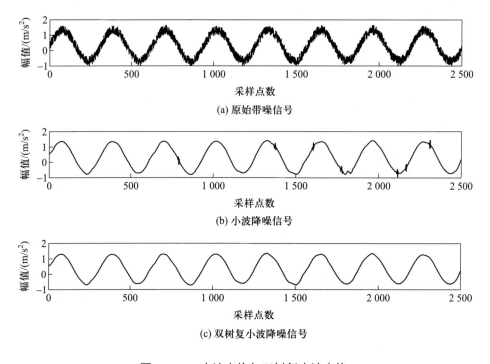

(a) 原始带噪信号

(b) 小波降噪信号

(c) 双树复小波降噪信号

图 3.23　小波变换与双树复小波变换

从图 3.23 两种降噪后的波形图可以直观看出,经过小波变换降噪、分解、重构的信号虽然滤除了大量的噪声,但是仍然伴有部分噪声的干扰;而经过双树复小波变换的降噪信号更为平滑,降噪效果比小波变换更为明显。为了定量地验证双树复小波变换在降噪效果上优于小波变换,对降噪后信号的信噪比 (SNR) 和均方根误差 (RMSE) 进行了比较,下式所示:

$$\mathrm{RMSE} = \left[\frac{1}{N} \sum_{i=1}^{N} \left[x(i) - \widehat{x}(i) \right]^2 \right]^{1/2} \tag{3.33}$$

$$\text{SNR} = 10 \log \left[\frac{\sum_{i=1}^{N} x^2(i)}{\sum_{i=1}^{N} \left[x(i) - \widehat{x}(i) \right]^2} \right] \tag{3.34}$$

式中, $x(i)$ 表示原含噪时域信号在点 i 处所对应的振动幅值的大小; $\widehat{x}(i)$ 表示降噪后的信号在点 i 处幅值的大小。通过 MATLAB 程序, 将两种方式的降噪信号与原含噪信号的信噪比和均方根误差作比较, 结果如表 3.4 所示。

表 3.4   降噪效果对比

参数	小波变换	双树复小波变换
SNR	4.345 2	6.346 3
RMSE	0.037 21	0.013 46

由表 3.4 可以很明显地看出, 通过小波变换、双树复小波变换对含噪信号进行降噪处理以后, 双树复小波变换的信噪比高于小波变换的信噪比, 而均方根误差小于小波变换的, 说明利用双树复小波变换进行降噪处理要比小波变换的效果要好, 因此通常选用双树复小波变换方法对振动信号进行降噪处理。

3.5   程序仿真

表 3.5   新阈值、硬阈值和软阈值

```
t=−20:1:20;
a=0.69;
th=5;
n=1.2;
for i=1:length(t)
if(abs(t(i))>=th)
f=exp((abs(t(i)/th)−1)^(1/n));
g=abs(t(i)).*f;
u=th/g;
newdd0(i)=(1−u)*t(i)+u*sign(t(i))*(abs(t(i))−a*th);
newdd1(i)=t(i);                    % 硬阈值
newdd2(i)=sign(t(i))*(abs(t(i))−th); % 软阈值
else
newdd0(i)=0;
newdd1(i)=0;
newdd2(i)=0;
```

```
end
end
figure(1)
plot(t,newdd0,'LineWidth',2)
hold on
plot(t,newdd1,'--','LineWidth',1.5)
hold on
plot(t,newdd2,'.','LineWidth',1.5)
hold on
legend('新阈值','硬阈值','软阈值')
```

表 3.6 含噪正弦信号 3 种阈值比较

```
n=0:2500;
x=sin(0.02*n)+0.6*rand(size(n));
figure(1)
subplot(411);plot(n,x);title('原始带噪信号','FontWeight','bold')
xlabel('采样点数','fontsize',8);
ylabel('幅值','fontsize',8);
[c,l]=wavedec(x,5,'db4');
a5=appcoef(c,l,'db4',5);
d5=detcoef(c,l,5);
d4=detcoef(c,l,4);
d3=detcoef(c,l,3);
d2=detcoef(c,l,2);
d1=detcoef(c,l,1);
thr1=thselect(d5,'rigrsure'); %stein 无偏估计阈值;
thr2=thselect(d4,'rigrsure'); %stein 无偏估计阈值;
thr3=thselect(d3,'rigrsure'); %stein 无偏估计阈值;
thr4=thselect(d2,'rigrsure'); %stein 无偏估计阈值;
thr5=thselect(d1,'rigrsure'); %stein 无偏估计阈值;
thr6=thselect(a5,'rigrsure');
%% 软阈值去噪
ca5=wthresh1(a5,'s',0.7);
cd5=wthresh1(d5,'s',thr1); %0.4688
cd4=wthresh1(d4,'s',thr2); %0.4431
cd3=wthresh1(d3,'s',thr3); %0.4
cd2=wthresh1(d2,'s',thr4); %0.5
cd1=wthresh1(d1,'s',thr5); %1.2756
c1=[ca5,cd5,cd4,cd3,cd2,cd1];
ss=waverec(c1,l,'db4');
subplot(413);plot(n,ss);title('软阈值去噪信号','FontWeight','bold')
xlabel('采样点数','fontsize',8);
```

续表

```
ylabel(' 幅值 ',' fontsize ',8);
%% 硬阈值去噪
cd5=wthresh1(d5,' h ',0.45);
cd4=wthresh1(d4,' h ',0.45);
cd3=wthresh1(d3,' h ',0.45);
cd2=wthresh1(d2,' h ',0.45);
cd1=wthresh1(d1,' h ',0.45);
c1=[a5,cd5,cd4,cd3,cd2,cd1];
sh=waverec(c1,l,' db4 ');
subplot(412);plot(n,sh);title(' 硬阈值去噪信号 ',' FontWeight ',' bold ')
xlabel(' 采样点数 ',' fontsize ',8);
ylabel(' 幅值 ',' fontsize ',8);
%% 新阈值降噪
cd5=wthresh1(d5,' n ',thr1);
cd4=wthresh1(d4,' n ',thr2);
cd3=wthresh1(d3,' n ',thr3);
cd2=wthresh1(d2,' n ',thr4);
cd1=wthresh1(d1,' n ',thr5);
c1=[a5,cd5,cd4,cd3,cd2,cd1];
sn=waverec(c1,l,' db4 ');
subplot(414);plot(n,sn);title(' 新阈值去噪信号 ',' FontWeight ',' bold ')
xlabel(' 采样点数 ',' fontsize ',8);
ylabel(' 幅值 ',' fontsize ',8);
```

表 3.7　双树复小波的分解

```
fs=12000;
signal=load(' 文件.txt ');
x=signal(1:2000);
x=(x−mean(x))/std(x,1);
figure(1);
plot(1:2000,x);
xlabel(' 时间 t/s ');
ylabel(' 电压 V/v ');
%db10 小波进行 4 层分解
% 一维小波分解
[c,l]=wavedec(x,4,' db10 ');
% 重构第 1~4 层细节信号
d4=wrcoef(' d ',c,l,' db10 ',4);
d3=wrcoef(' d ',c,l,' db10 ',3);
d2=wrcoef(' d ',c,l,' db10 ',2);
d1=wrcoef(' d ',c,l,' db10 ',1);
% 显示细节信号
figure(2);
```

```
subplot(4,1,1);
plot(d4,'linewidth',1);
ylabel('d4');
subplot(4,1,2);
plot(d3,'linewidth',1);
ylabel('d3');
subplot(4,1,3);
plot(d2,'linewidth',1);
ylabel('d2');
subplot(4,1,4);
plot(d1,'linewidth',1);
ylabel('d1');
xlabel('时间 t/s')
% 第一层细节信号的包络谱
y=hilbert(d1);
ydata=abs(y);
y=y-mean(y);
nfft=1024;
p=abs(fft(ydata,nfft));
figure(3);
plot((0:nfft/2-1)/nfft*fs,p(1:nfft/2),'linewidth',2);
xlabel('频率 f/Hz');
ylabel('功率谱 P/W');
```

表 3.8　4 层双树复小波的分解与构成

```
shift_test_2D.m:
clear all
close all
% Draw a circular disc.
x=round((drawcirc(64,1,0,0,256)-0.5)*200);
setfig(1);
colormap(gray(256))
image(min(max(x+128,1),256));
set(gca,'position',[0.1 0.25 .25 .5]);
axis('off');
axis('image');
% draw(xx);
title('Input (256 x 256)','FontSize',14);
Drawnow
% Do 4 levels of CWT.
[Yl, Yh]=dtwavexfm2(x,4,'near_sym_b','qshift_b');
% Starts with the finest level.
```

续表

```
titl=[' 1st' ;' 2nd' ;' 3rd' ;' 4th' ;' Low' ];
yy=zeros(size(x).* [2 3]);
yt1=1:size(x,1);
yt2=1:size(x,2);
for mlev=1:5,
    mask=zeros(6,5);
mask(:,mlev)=1; z=dtwaveifm2(Yl*mask(1,5),Yh,' near_sym_b' ,' qshift_b' ,mask);
    figure;draw(z);drawnow
    yy(yt1,yt2)=z;
    yt2=yt2+size(x,2)/2;
    end
% Do 4 levels of Real DWT using ' antonini'  (9,7)−tap filters.
[Yl, Yh]=wavexfm2(x,4,' antonini' );
yt1=[1:size(x,1)]+size(x,1); yt2=1:size(x,2);
for mlev=1:5,
    mask=zeros(3,5);
    mask(:,mlev)=1;
        z=waveifm2(Yl*mask(1,5),Yh,' antonini' ,mask);
    figure;draw(z);drawnow
    yy(yt1,yt2)=z;
    yt2=yt2 + size(x,2)/2;
end
    figure;
    setfig(gcf);
colormap(gray(256))
image(min(max(yy+128,1),256));
set(gca,' position' ,[0.1 0.1 .8 .8]);
axis(' off' );
axis(' image' );
hold on plot(128*[[1;1]*[1:4] [0;6]]+1,128*[[0;4]*[1 1 1 1] [2;2]]+1,' −k' );
hold off
title(' Components of reconstructed " disc"  images' ,' FontSize' ,14);
text(−0.01*size(yy,2),0.25*size(yy,1),' DT CWT' ,' horiz' ,' r' );
text(0.02*size(yy,2),1.02*size(yy,1),' wavelets:' ,' horiz' ,' r' ,' vert' ,' t' );
text(−0.01*size(yy,2),0.75*size(yy,1),' DWT' ,' horiz' ,' r' );
for k=1:4, text(k*128−63,size(yy,1)*1.02,sprintf(' level %d' ,k),' FontSize' ,14,' horiz' ,' c' ,' vert' ,' t' );
text(5*128+1,size(yy,1)*1.02,' level 4 scaling fn.' ,' FontSize' ,14,' horiz' ,' c' ,' vert' ,' t' );
drawnow
sy=size(x,2)/2;
for mlev=4:−1:1,
yt2=[1:sy]+(mlev−1)*sy;
yy(:,yt2)=yy(:,yt2)+yy(:,yt2+sy);
    end
```

```
    figure;
    setfig(gcf);
    colormap(gray(256))
    imagc(min(max(yy+128,1),256));
    set(gca,'position',[0.1 0.1 .8 .8]);
    axis('off');
    axis('image');
    title(' Accumulated reconstructions from each level of DT CWT ','FontSize',14);
text(size(yy,2)*0.5,size(yy,1)*1.02,'Accumulated reconstructions from each level of DWT',
'FontSize',14,'hor','c','vert','t');
    drawnow
return
```

参考文献

[1] 范小龙, 谢维成, 蒋文波, 等. 一种平稳小波变换改进阈值函数的电能质量扰动信号去噪方法 [J]. 电工技术学报, 2016, 31(14): 219-226.

[2] 屈海清, 段腾龙, 程汉列. 基于小波变换的机械振动信号预处理研究 [J]. 石油和化工设备, 2017, 20(2): 64-66.

[3] 孙延奎. 小波分析及其应用 [M]. 北京: 机械工业出版社, 2005.

[4] 衡彤. 小波分析及其应用研究 [D]. 成都: 四川大学, 2003.

[5] 单佩韦. 时频分析系统及其应用 [D]. 上海: 华东师范大学, 2011.

[6] 徐长发, 李国宽. 实用小波方法 [M]. 武汉: 华中科技大学出版社, 2004.

[7] 杨建国. 小波分析及其工程应用 [M]. 北京: 机械工业出版社, 2005.

[8] 李翔. 基于小波分析的测量信号处理技术研究 [D]. 哈尔滨: 哈尔滨工业大学, 2009.

[9] Mallat S G. A theory for multiresolution signal decomposition: The wavelet representation [J]. IEEE Transactions on Pattern Analysis and Machine Intelligence, 1993, 11(7): 674-693.

[10] Mallat S G. Multiresolution and Wavelets [M]. Philadelphia: University of Pennsylvania, 1988.

[11] 潘泉, 张磊, 孟晋丽, 等. 小波滤波方法及应用 [M]. 北京: 清华大学出版社, 2005.

[12] 潘泉, 孟晋丽, 张磊, 等. 小波滤波方法及应用 [J]. 电子与信息学报, 2007, 29(1): 236-242.

[13] 褚福磊, 彭志科, 冯志鹏, 等. 机械故障诊断中的现代信号处理方法 [M]. 北京: 科学出版社, 2009.

[14] 臧玉萍, 张德江, 王维正. 小波分层阈值降噪法及其在发动机振动信号分析中的应用 [J]. 振动与冲击, 2009, 28(8): 57-60.

[15] 滕军, 朱焰煌, 周峰, 等. 自适应分解层数的小波域中值滤波振动信号降噪法 [J]. 振动与冲击, 2009, 28(12): 58-62.

[16] 沈路, 周晓军, 刘莉, 等. 形态小波降噪方法在齿轮故障特征提取中的应用 [J]. 农业机械学报, 2010, 41(4): 217-221.

[17] 张雄希, 刘振兴. 共振解调与小波降噪在电机故障诊断中的应用 [J]. 电机与控制学报, 2010, 14(6): 66-70.

[18] 孟宗, 戴桂平, 刘彬, 等. 基于模极大值小波域的包络去噪算法研究 [J]. 仪器仪表学报, 2005, 26 (8): 582-583.

[19] 张翠芳. 基于小波变换的模极大值降噪法的实现及改进 [J]. 南京邮电大学学报, 2009, 29(1): 74-77.

[20] Donoho D L.De-noising by soft-thresholding [J]. IEEE Transactions on Information Theory, 1995, 41(3): 613-627.

[21] Borras D, Castilla M, Moreno N. Wavelet and neural structure: A new tool for diagnostic of power system disturbances [J]. IEEE Transactions on Industry Applications,2001, 37(1): 184-190.

[22] Donoho D L,Johnstone I M.Adapting to unknown smoothness via wavelet shrinkage [J]. Journal of the American Statistical Association, 1995, 90(432): 1200-1224.

[23] 郭健. 基于小波分析的结构损伤识别方法研究 [D]. 杭州: 浙江大学, 2004.

[24] 唐进元, 陈维涛, 陈思雨, 等. 一种新的小波阈值函数及其在振动信号去噪分析中的应用 [J]. 振动与冲击, 2009, 28(7): 118-121.

[25] 王宏强, 尚春阳, 高瑞鹏, 等. 基于小波系数变换的小波阈值去噪算法改进 [J]. 振动与冲击, 2011, 30(10): 165-168.

[26] 张磊, 潘泉. 小波域滤波阈值参数 c 的选取 [J]. 电子学报, 2001, 29(3): 400-402.

[27] 胡广书. 现代信号处理教程 [M]. 北京: 清华大学出版社, 2004.

[28] 蒋永华, 汤宝平, 董绍江. 自适应 Morlet 小波降噪方法及在轴承故障特征提取中的应用 [J]. 仪器仪表学报, 2010, 31(12): 2712-2717.

[29] 曾庆虎, 邱静, 刘冠军, 等. 基于小波相关滤波法的滚动轴承早期故障诊断方法研究 [J]. 机械科学与技术, 2008, 27(1): 114-118.

[30] 李富才, 何正嘉, 陈进. 小波域相关滤波法及其早期故障预示应用 [J]. 振动工程学报, 2005, 18(2): 145-148.

[31] 褚福磊, 王庆禹, 卢文秀. 用声发射技术与小波包分解确定转子系统的碰摩位置 [J]. 机械工程学报, 2002, 38(3): 139-143.

[32] 李辉, 郑海起, 唐力伟. 基于改进双树复小波变换的轴承多故障诊断 [J]. 振动测试与诊断, 2013, 33(01): 53-59, 165.

[33] Kingsbury N G. The dual-tree complex wavelet transform: A new technique for shift invariance and directional filters [J]. IEEE Digital Signal Processing Workshop, 1998, 98: 2-5.

[34] Selesnick I W, Baraniuk R G, Kingsbury N G. The dual-tree complex wavelet transform [J]. IEEE Signal Processing Magazine, 2005, 22(6): 123-151.

[35] Vetterli M, Herley C. Wavelet and filter banks: Theory and design [J]. IEEE Transactions on Signal Processing, 1992, 40(9): 2207-2231.

[36] Newland D N. Wavelet analysis of vibration. Part I: Theory [J]. Journal of Vibration and Acoustics, 1994(116): 409-416.

[37] Mallat S G. A theory of multiresolution signal decomposition: The wavelet transform [J]. IEEE Transactions on Pattern Analysis and Machine Intelligence, 1989, 11(7): 674-693.

[38] Mallat S G. Multi-frequency channel decompositions of images and wavelet models [J]. IEEE Transactions on Acoustics Speech & Signal Processing, 1989, 37(12): 2091-2110.

[39] Mallat S G, Huang W L. Singularity detection and processing with wavelets [J]. IEEE Transactions on Information Theory, 1992, 38(2): 617-643.

[40] Mallat S G, Zhong S. Characterization of signals from multiscal edges [J]. IEEE Transactions on Pattern Analysis and Machine Intelligence, 1992, 14(7): 710-732.

[41] 王芳, 季忠, 彭承琳. 基于双树复小波变换的心电信号去噪研究 [J]. 仪器仪表学报, 2013, 34(05): 1160-1166.

[42] Edward H S L, Pickering M R, Frater M R, et al. Image segmentation from scale and rotation invariant texture features from the double dyadic dual-tree complex wavelet transform[J]. Image and Vision Computing, 2011, 9(1): 15-28.

[43] 胥永刚, 孟志鹏, 赵国亮. 基于双树复小波变换的轴承复合故障诊断研究 [J]. 仪器仪表学报, 2014, 35(02): 447-452.

第 4 章　旋转机械故障信息独立化提取方法

4.1　信号混合方式的描述

在旋转机械振动信号中含有丰富的设备状态信息, 但是由于传感器采集环境复杂, 在实际采集信号时, 多台旋转机械设备同时运行, 并且每一台旋转机械设备中各个零部件之间是协同工作的, 这样传感器获取的振动信号不仅可能会包含同一旋转机械设备内部不同零部件的振动信息, 也可能包含其他旋转机械设备的振动信息, 如齿轮在啮合时产生的振动、旋转轴在旋转时产生的不平衡振动、轴承缺陷引起的周期性冲击等。所以, 传感器获取的振动信号是由多种不同的信号源产生的混合信号。源信号的混合方式一般分为线性混合、卷积混合和非线性混合 3 类, 下面给出其数学模型。

1. 线性混合模型

线性混合模型描述为

$$\boldsymbol{x}(t) = \boldsymbol{A}\boldsymbol{s}(t) \tag{4.1}$$

式中, $\boldsymbol{s}(t) = [s_1(t), s_2(t), s_3(t), \cdots, s_N(t)]^{\mathrm{T}}$ 为不同的 N 个振动源发出的信号; $\boldsymbol{x}(t) = [x_1(t), x_2(t), x_3(t), \cdots, x_M(t)]^{\mathrm{T}}$ 为通过分布在各个不同位置的传感器所测得的振动信号; $\boldsymbol{A}$ 是线性的混合矩阵, 其内元素用来描述线性混合的情况。

已知 $M \geqslant N$, 如果获取的信号没有延时现象, 那么每个传感器所获得的信号是每个源信号的加权和。可描述为

$$\begin{bmatrix} x_1(t) \\ x_2(t) \\ \vdots \\ x_M(t) \end{bmatrix} = \begin{bmatrix} a_{11} & a_{12} & \cdots & a_{1N} \\ a_{21} & a_{22} & \cdots & a_{2N} \\ \vdots & \vdots & & \vdots \\ a_{M1} & a_{M2} & \cdots & a_{MN} \end{bmatrix} \begin{bmatrix} s_1(t) \\ s_2(t) \\ \vdots \\ s_N(t) \end{bmatrix} \tag{4.2}$$

2. 卷积混合模型

卷积混合模型描述为

$$\boldsymbol{x}(t) = \boldsymbol{A} * \boldsymbol{s}(t) + \boldsymbol{n}(t) = \sum_{m}^{\infty} \boldsymbol{A}(m)\boldsymbol{s}(t-k) + \boldsymbol{n}(t) \tag{4.3}$$

式中, $\boldsymbol{s}(t) = [s_1(t), s_2(t), s_3(t), \cdots, s_N(t)]^{\mathrm{T}}$ 为源信号; $\boldsymbol{x}(t) = [x_1(t), x_2(t), x_3(t), \cdots, x_M(t)]^{\mathrm{T}}$ 为所观测获得的信号; $\boldsymbol{n}(t) = [n_1(t), n_2(t), n_3(t), \cdots, n_M(t)]^{\mathrm{T}}$ 为加性高斯白噪声; $\boldsymbol{A}(m)$ 是一个未知的线性混合矩阵; $\boldsymbol{x}(t)$ 是源信号 $\boldsymbol{s}(t)$ 通过 $\boldsymbol{A}(m)$ 的卷积混合。

3. 非线性混合模型

非线性混合模型描述为

$$\boldsymbol{x}(t) = \boldsymbol{F}(\boldsymbol{A}\boldsymbol{s}(t)) + \boldsymbol{n}(t) \tag{4.4}$$

式中, $\boldsymbol{s}_N(t) = [s_1(t), s_2(t), s_3(t), \cdots, s_N(t)]^{\mathrm{T}}$ 为源信号; $\boldsymbol{x}(t) = [x_1(t), x_2(t), x_3(t), \cdots, x_M(t)]^{\mathrm{T}}$ 为所观测获得的信号; $\boldsymbol{n}(t) = [n_1(t), n_2(t), n_3(t), \cdots, n_M(t)]^{\mathrm{T}}$ 为加性高斯白噪声; $\boldsymbol{A}$ 是一个未知的常系数混合矩阵; $\boldsymbol{F}(\cdot) = [F_1(\cdot), F_2(\cdot), F_3(\cdot), \cdots, F_N(\cdot)]$ 为未知的实值非线性函数。

4.2　混合信号的分离方法

在实际中, 传感器测得的信号基本是混合信号, 为了保证诊断信息的质量, 提高故障诊断的准确性, 需要提取信号中独立或者相对独立的信息成分, 实现混合信号的分离。下面介绍 3 种混合信号分离方法。

4.2.1　主分量分析

主分量分析方法是将原始的输入信号变换到另一个空间, 使得在该空间中的各种故障信号之间相互独立, 并且能够最大限度地保留原始信号自身的信息量[1-2]。其基本思想是

$$\boldsymbol{Y} = \boldsymbol{A}\boldsymbol{S} \tag{4.5}$$

式中, $\boldsymbol{S}$ 为原始信号向量; $\boldsymbol{A}$ 为变换矩阵。

根据正交变换, 有

$$\boldsymbol{C}_y = \boldsymbol{A}\boldsymbol{C}_s\boldsymbol{A}^{\mathrm{T}} \tag{4.6}$$

在计算时, 要选择合适的 $\boldsymbol{A}$, 使 $\boldsymbol{C}_y$ 中除了主对角线主分量方差 $\sigma_1^2, \sigma_2^2, \sigma_3^2, \cdots,$ σ_n^2 以外, 其余元素都变为 0, 这样得到的各主分量 y_i 是互不相关的。

假设原始信号 $\boldsymbol{S}$ 中所包含故障为 $\{F_i | i=1,2,\cdots,m\}$, 各个故障之间的相关系数为 $\{R_{ij} | i=1,2,\cdots,m; j=1,2,\cdots,m\}$, 根据故障之间存在的关系, 如果 $i \neq j$, 则 $0 \leqslant R_{ij} < 1$; 如果 $i=j$, 则 $R_{ij}=1$。假设两组故障数据 A_1 和 A_2 中都包含相同的故障信息, 那么 $A_1 \bigcap A_2 = F_{A_1 A_2} \neq \varnothing$, 相关系数 $R(A_1, A_2) \neq 0$。

假设所获得的主分量为 $\{y_i | i=1,2,\cdots,n\}$, 每一个 y_i 对应着的故障集为 F_{y_i}, 则通过一定的关系可得

$$y_i = f_i(F_{y_i}) \tag{4.7}$$

式中, f_i 为对应于 y_i 的线性关系; F_{y_i} 为中间包含故障的集合。

根据 y_i 之间是互不相关的, 则相关系数

$$R(y_i, y_j) = 0, \quad i \neq j \tag{4.8}$$

即 $R_{ij}(f_i(F_{y_i}), f_j(F_{y_j})) = 0$, 也就是 $F_{y_i} \bigcap F_{y_j} = \varnothing$

可以看出, y_i 和 y_j 中各自含有故障的信息是不相同的, 说明同一个故障信息不可能分布在其他不同的主分量中。这种方法能够保证不同的主分量中含有的故障信息是不同的, 而且同一主分量中可以包含完全相同的故障信息, 从而实现故障信息的分离。

4.2.2　奇异值分解方法

奇异值分解方法是对带噪信号进行消噪和重构处理, 提取有用的信号分量, 其关键是如何确定分解后的对角阵的有效秩阶次。如果信号与噪声之间不相关, 有效秩的确定就比较容易, 但如果信号与噪声之间存在相关性, 那么信号的子空间与噪声的子空间就很难分离开来, 从而导致降噪性能的下降。

信号奇异值的分解原理[3-4] 是设任一信号 X 的离散时间序 $X = [x_1, x_2, x_3, \cdots, x_N]$, 首先对 A 序列以长度 n 进行分段, 然后按如下方式构造特征矩阵:

$$\boldsymbol{A} = \begin{bmatrix} x_1 & x_2 & \cdots & x_n \\ x_{n+1} & x_{n+2} & \cdots & x_{2n} \\ \vdots & \vdots & & \vdots \\ x_{(m-1)n+1} & x_{(m-1)n+2} & \cdots & x_{mn} \end{bmatrix} \tag{4.9}$$

$N = mn$, 为采样点数。

对矩阵 $\boldsymbol{A}$ 作奇异值分解, $\boldsymbol{A} = \boldsymbol{U}\boldsymbol{S}\boldsymbol{V}'$, $\boldsymbol{U}$ 和 $\boldsymbol{V}$ 分别为 $m \times m$ 和 $n \times n$ 矩阵, 且 $\boldsymbol{U}\boldsymbol{U}' = \boldsymbol{I}$, $\boldsymbol{V}\boldsymbol{V}' = \boldsymbol{I}$。$\boldsymbol{S}$ 为 $m \times n$ 的对角矩阵, 其对角线元素为 $s_1, s_2, \cdots, s_k$, $k = \min(m, n)$, $s_1 \geqslant s_2 \geqslant \cdots \geqslant s_k \geqslant 0$, $s_1, s_2, \cdots, s_k$ 称为矩阵 $\boldsymbol{A}$ 的奇异值, $\boldsymbol{U}$

和 $\boldsymbol{V}$ 分别表示左、右奇异矩阵。则矩阵 $\boldsymbol{A}$ 可写成

$$\boldsymbol{A} = \sum_{i=1}^{k} \boldsymbol{u}_i s_i \boldsymbol{v}_i \tag{4.10}$$

式中, $\boldsymbol{u}_i$ 与 $\boldsymbol{v}_i$ 分别为矩阵 $\boldsymbol{U}$ 和 $\boldsymbol{V}$ 的列向量; 信号的能量可以由 $A = \sum_{i=1}^{k} s_i^2$ 来表示。

由于混合信号中存在多种信息, 而且每一种信息在信号中的贡献率是不一样的, 因此根据奇异值的数学理论, 定义奇异值 $s_1, s_2, \cdots, s_k$ 的贡献率分别为

$$\lambda_i = \frac{s_i^2}{\sum_{i=1}^{k} s_i^2}, \quad i = 1, 2, \cdots, k \tag{4.11}$$

在数值上如果 λ_1 相对其他 λ_i 来说比较大, 并且对各个贡献率也较满意时, 则 $\boldsymbol{A}$ 的秩可取 $1, \boldsymbol{A}$ 逼近 $\boldsymbol{A}_1 = s_1 \boldsymbol{u}_1 \boldsymbol{v}_1'$; 如果 λ_1 在各个 λ_i 中占有绝对大的优势时, 那么 s_1 的贡献率 λ_1 会达到某个界点值, 可以用 s_1 与 $\boldsymbol{u}_1$ 和 $\boldsymbol{v}_1$ 的外积的乘积 $\boldsymbol{A}_1$ 来近似 $\boldsymbol{A}$, 即对 X 进行重构

$$\boldsymbol{A}_{m \times n} \approx \boldsymbol{A}_1 = s_1 \boldsymbol{u}_1 \boldsymbol{v}_1' \tag{4.12}$$

式中, $\boldsymbol{u}_1$ 为 $\boldsymbol{U}$ 的第一列向量; $\boldsymbol{v}_1$ 为 $\boldsymbol{V}$ 的第一列向量。

如果在一定的拟合度下, 就可得到 $\boldsymbol{A}_{m \times n} = s_1 \boldsymbol{u}_1 \boldsymbol{v}_1'$

$$a_{ij} = s_1 u_{i1} v_{j1}', \quad i = 1, 2, \cdots, m; \ j = 1, 2, \cdots, n \tag{4.13}$$

根据上面的理论, 当 k 个奇异值中有 p 个占绝对大的优势时, $\sum_{i=1}^{p} s_i^2 / \sum_{i=1}^{k} s_i^2 = 1$, 可以认为信号中的主要信息包含在 $\boldsymbol{A} = \sum_{i=1}^{p} s_1 \boldsymbol{u}_1 \boldsymbol{v}_1'$ 所表示的信号中。如果 n 作为信号主模式的基本周期, 则原始信号所包含的主要信息会集中于 $\boldsymbol{A}_1 = s_1 \boldsymbol{u}_1 \boldsymbol{v}_1'$ 表示的信号中。

在恶劣的现场环境中采集的旋转机械的故障信号常常包含各种有用的信息分量和大量的噪声分量, 利用奇异值分解方法可以提取有用的特征信号分量。

4.2.3 盲源分离

盲源分离 (blind source separation, BSS) 技术 [5-7] 是在未知系统的传递函数以及源信号的混合系数和概率分布的情况下, 通过某种信号处理方法, 仅仅通过观测信号就可以恢复原始信号和传输通道参数的过程, 即在对源信号和其传输通道都

未知的情况下, 只根据多个传感器所能够观测到的信号估计并将各个源信号恢复出来的一种技术。BSS 是在 20 世纪 90 年代发展起来的一种技术, Jutten 和 Herault 于 1991 年第一次利用神经网络方法成功地实现了两种语音信号的分离[8]。BSS 具有很强的理论背景与实用价值, 所以受到了信号处理和神经网络等领域研究者们的关注。目前, 盲源分离技术已广泛应用在故障诊断、语音信号、图像处理、生物医学、雷达、水下声学等领域[9]。

实现混合信号盲源分离的方法有很多种, 在其多种方法中, 独立分量分析 (independent component analysis, ICA)[10-14] 是解决 BSS 问题最为有效的方法之一, 它是根据实际测得的混合信号之间具有统计独立的特性, 将某一路或几路信号按统计独立的原则分离出来, 并且对这些信号进行分析与处理, 得到若干个独立分量成分, 从而在混合信号中分离出各自独立的源信号。

4.3 ICA 理论及其实现

4.3.1 ICA 数学模型

ICA 算法是在传输信道未知的情况下, 从多个传感器的输出信号中有序地分离或估计原信号的波形。要实现混合信号的分离需满足: ① 源信号的各个分量都是零均值的实随机信号, 且都是相互统计独立的; ② 只允许有一个信号源的概率密度函数为高斯函数, 其他各独立信号源为非高斯的。

设 Y 为 M 维观测信号, S 为未知的 N 维源信号, 它们之间的关系如下:

$$Y = A \times S \tag{4.14}$$

式中, $Y = [y_1(t), y_2(t), y_3(t), \cdots, y_M(t)]^{\mathrm{T}}$ 是 M 维观测信号, 即系统的输出信号; $S = [s_1(t), s_2(t), s_3(t), \cdots, s_N(t)]^{\mathrm{T}}$ 是 N 维源信号; A 是一个未知列满秩的 $M \times N$ 混合矩阵, 且 $M \geqslant N$。

由于式 (4.14) 中源信号 S 和混合矩阵 A 都是未知的, 要使相互独立的各个源信号从混合信号中分离出来, 则必须找到一个分离矩阵 W, 即

$$X = W \times Y = S \tag{4.15}$$

应用 ICA 算法解决该问题的关键就是要建立能够度量分离结果独立性的判决标准和与之相对应的分离方法, 并按照度量分离结果的独立性判决标准的不同选择相应的 ICA 分离方法。目前, 基于负熵固定点迭代的快速 ICA (FastICA) 算法应用较为广泛[15]。

4.3.2 负熵的概念

由于多个独立的随机变量进行组合要比其中任意一个随机变量会更接近于高斯分布这一中心极限定理，因此源信号 S 的非高斯性会比观测信号 Y 的非高斯性强。我们对分离结果的非高斯性进行度量时，如果非高斯性达到了最大，则可认为完成了最佳分离。

对于同样协方差阵的概率密度函数，其高斯分布的熵 $H_g(y)$ 为最大，用信息熵来描述其中一个随机变量分布与高斯分布之间的偏离程度，则称非高斯性。两者之间的差即为负熵

$$J(y) = H_g(y) - H(y) \tag{4.16}$$

式中，$H(\cdot)$ 为随机变量的信息熵。

$$H(y) = -\int p(y)\lg p(y)\mathrm{d}y \tag{4.17}$$

可以看出，只有当随机变量 y 满足高斯分布时，负熵才能为零。随机变量 y 的负熵越大，那么随机变量 y 的非高斯性也会越强，其分离效果就越好。

然而在实际应用中，当我们对概率密度分布函数进行估计时，需要较多的原始数据，并且其数值计算很繁琐，所以也常常将其展开，表示成高阶统计量的函数，但是该方法对数据比较敏感。为此，采用非多项式函数逼近概率密度函数的方法，近似计算负熵的值，其表达式为

$$J(y) = c\{E[F(y)] - E[F(\upsilon)]\}^2 \tag{4.18}$$

式中，c 为常数；υ 与 y 是零均值和单位方差的高斯分布随机变量，当 y 为高斯分布时，式 (4.18) 为零，满足负熵的基本条件；$E(\cdot)$ 为均值运算；$F(\cdot)$ 为非线性函数，其值为

$$F_1(y) = y\exp\left(-\frac{y^2}{2}\right) \quad 或\ F_1(y) = \frac{1}{a_1}\lg\cosh(a_1 y)$$
$$F_2(y) = -\exp\left(-\frac{y^2}{2}\right) \quad 或\ F_2(y) = |y|$$

其中，$1 \leqslant a_1 \leqslant 2$，常取 $a_1 = 1$。

4.3.3 FastICA 算法及分离过程

4.3.3.1 FastICA 算法

芬兰学者 Hyvarinen 和 Oja 利用负熵的概念提出了基于负熵的固定点迭代快速 ICA 算法[16]，即 FastICA 算法。该算法首先对混合信号 s 进行去除均值和白化

处理, 得到各分量为互不关联的新混合信号 s', 使 $s = s'$, s 具有单位协方差, 再将 $y = w_i^{\mathrm{T}} s$ 代入式 (4.18) 中, 得

$$J(y) = \{E[F(w_i^{\mathrm{T}} s)] - E[F(v)]\}^2 \tag{4.19}$$

如果要使负熵达到极大值, 则在 $\|w\|^2$ 的约束条件下, 使得 $E[F(w_i^{\mathrm{T}} s)]$ 达到极大。应用拉格朗日乘数法可以求得定点算法的目标函数

$$L(w_i) = E[F(w_i^{\mathrm{T}} s)] - \alpha \|w_i\|^2 \tag{4.20}$$

对式 (4.20) 求权值 w_i 的一次梯度, 可以得到

$$L'(w_i) = \frac{\partial L(w_i)}{\partial w_i} = E[s f(w_i^{\mathrm{T}} s)] - \alpha w_i \tag{4.21}$$

式中, f 为 F 的导数, 对式 (4.21) 再次求权值 w_i 的二次梯度, 可得

$$L''(w_i) = \frac{\partial L'(w_i)}{\partial w_i} = E[s s^{\mathrm{T}} f'(w_i^{\mathrm{T}} s)] - \alpha I \tag{4.22}$$

式中, f' 为 f 的导数。

根据 $E[s s^{\mathrm{T}} f'(w_i^{\mathrm{T}} s)] \approx E[s s^{\mathrm{T}}] E[f'(w_i^{\mathrm{T}} s)] = E[f'(w_i^{\mathrm{T}} s)] I$

对 $L'(w_i) = 0$ 求解。

根据牛顿迭代法

$$w_i(k+1) = w_i(k) - \frac{F(w_i(k))}{F'(w_i(k))} \tag{4.23}$$

则有

$$w_i(k+1) = w_i(k) - \frac{E[s f(w_i^{\mathrm{T}} s)] - \alpha w_i(k)}{E[f'(w_i^{\mathrm{T}}(k))] - \alpha} \tag{4.24}$$

将式 (4.24) 进行简化, 并且同时乘以 $E[f'(w_i^{\mathrm{T}}(k))] - \alpha$, 可以得到固定点算法

$$w_i(k+1) = E[s f(w_i^{\mathrm{T}} s)] - w_i(k) E[f'(w_i^{\mathrm{T}}(k))] \tag{4.25}$$

$$\frac{w_i(k+1)}{\|w_i(k+1)\|_2} \leftarrow w_i(k+1) \tag{4.26}$$

4.3.3.2 FastICA 算法的分离过程

(1) 对混合信号 $s(t)$ 去均值, 并且白噪化处理。

(2) 对具有单位方差的分离矩阵 $w_i(0)$ 进行初始化, 要求 $\|w_i(0)\|_2 = 1$。

(3) 计算 $w_i(k+1) = E[s f(w_i^{\mathrm{T}} s)] - w_i(k) E[f'(w_i^{\mathrm{T}}(k))]$。

(4) 计算误差 $\boldsymbol{w}_i(k+1) - \boldsymbol{w}_i(k)$ 满足精度要求, 分离矩阵收敛, 则迭代结束; 否则, 返回到步骤 (3), 重新对分离矩阵进行修正。当得到分离矩阵后, 源信号的估计可以根据下式求出:

$$\hat{\boldsymbol{s}}(t) = \boldsymbol{w}_i\boldsymbol{s}(t) \tag{4.27}$$

如果源信号中包含多个独立分量, 每当提取一个独立分量之后, 可以重复上述过程, 再对提取后的源信号进行分离, 如此重复, 直至所有独立分量完全分离出来。

FastICA 算法具有如下优点[17]:

(1) 收敛速度较快。ICA 算法一般是线性收敛的, 而 FastICA 算法至少是平方收敛, 或是 3 次方收敛。

(2) 利用任意非线性函数就可以直接找出任意非高斯分布的独立分量。

(3) 通过适当地选择非线性函数, 可使其性能达到最佳。

(4) 独立分量可以一个一个地被分离出来, 对于仅要求估计出几个独立分量的情况, 可以减小计算量。

(5) FastICA 算法具有较强的鲁棒特性, 并且计算比较简单, 计算机内存要求很少。

4.3.3.3　FastICA 算法的源信号分离

(1) 对下面 3 个源信号进行 FastICA 分离仿真:

$$\begin{cases} s_1 = \sin(60\pi t) + \sin(100\pi t) \\ s_2 = \sin(120\pi t) \\ s_3 = \sin(240\pi t) \end{cases}$$

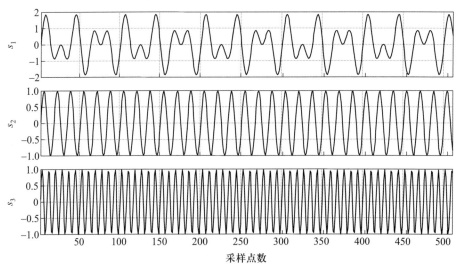

图 4.1　源信号

这 3 个信号产生的源信号如图 4.1 所示。

对上述信号进行盲源分离, 采样频率为 512 Hz, 在无噪声环境下, 通过 3×3 混合矩阵

$$\boldsymbol{W} = \begin{bmatrix} 0.625\,985 & 0.646\,078 & 0.236\,151 \\ 0.326\,902 & 0.433\,692 & 0.971\,783 \\ 0.311\,107 & 0.102\,887 & 0.698\,897 \end{bmatrix}$$

得到如图 4.2 所示的观测信号。

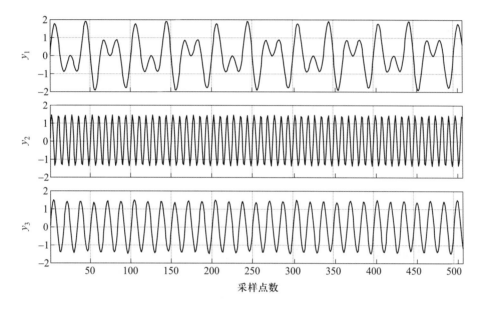

图 4.2 观测信号

对照图 4.1 和图 4.2, 源信号得到了精确分离, 只是图 4.2 的幅值大小与图 4.1 的幅值大小不同, 观测信号能够完全显示源信号的特征, 因此分离结果是有效可行的。

(2) 将实验室采集的 4 种不同故障状态的滚动轴承信号作为振动源进行盲源分离, 采样频率为 2 500 Hz, 数据长度为 1 000, 得到如图 4.3 所示的振动源信号。在无噪声的环境下, 采用 FastICA 算法进行盲源分离, 选择随机信号产生的 4×4 混合矩阵为

$$\boldsymbol{W} = \begin{bmatrix} 0.954\,103 & 0.071\,235 & 0.009\,333 & 0.030\,385 \\ 0.542\,813 & 0.181\,980 & 0.951\,026 & 0.208\,470 \\ 0.540\,106 & 0.092\,989 & 0.642\,742 & 0.454\,966 \\ 0.311\,110 & 0.463\,489 & 0.001\,419 & 0.127\,266 \end{bmatrix}$$

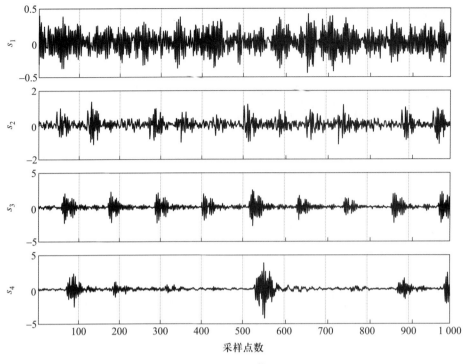

图 4.3 源信号

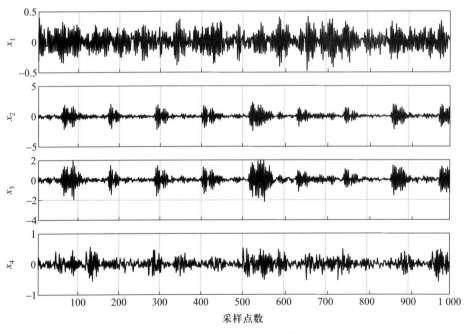

图 4.4 混合信号

该分离过程迭代次数为 90，得到混合信号如图 4.4 所示。经过 FastICA 的分离过程得到观测信号如图 4.5 所示。比较图 4.3 与图 4.5 可以看出，FastICA 算法能够

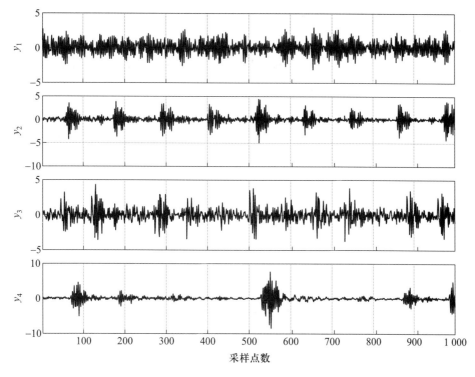

图 4.5 观测信号

较好地恢复源信号的成分, 只是在幅度、排列顺序上有所改变, 源信号的排列是 s_1、s_2、s_3、s_4, 分离后观测信号的相应排列顺序是 y_1、y_3、y_2、y_4, 即源信号排列顺序中的第二列与第三列在观测信号中变为第三列与第二列。

在旋转机械故障诊断中, 采集的振动信号都是多个传感器信号的叠加, 通过 FastICA 分离方法[15,18] 对混合信号去除均值和进行白噪化处理, 可准确有效地将源信号分离出来, 提高诊断分析的准确度。上述仿真结果证明, FastICA 分离方法在旋转机械故障诊断领域是一种有效的信号分离方法。

但是, 利用 FastICA 算法对源信号进行分离时, 分离效果好坏的关键在于观测信号的数目是否等于或者多于源信号的数目。如果观测信号的数目等于或者多于源信号的数目, 则 FastICA 算法会有较好的分离效果; 如果观测信号的数目少于源信号的数目, 就称为欠定盲源分离, 其分离效果很不理想。在旋转机械状态监测与故障诊断中, 实际上设备的振动源数目会随着设备状态的变化而不断改变, 很难满足观测信号的数目等于或者多于源信号数目的 FastICA 算法条件, 从而导致 FastICA 算法的分离效果较差。因此, 在对旋转机械振动源信号进行 FastICA 算法分离前, 根据观测信号数目预先估计振动源信号数目, 再根据振动源信号的数目对观测信号数目进行调整, 以保证 FastICA 算法具有良好的分离效果。为了解决这一问题, 下面采用经验模态分解 (empirical mode decomposition, EMD) 法对振动信号的观测数目进行调整。

4.4 EMD 法

EMD 法是首先将振动信号分解成若干个本征模函数 (intrinsic mode function, IMF) 分量, 再对每个本征模函数分量进行 Hilbert 变换, 得到瞬时频率和瞬时幅值[19], 从而也得到能够表示信号的时间 – 频率分布的 Hilbert 谱。

4.4.1 信号的瞬时频率

对于已经给定的信号 $s(t)$, 其 Hilbert 变换 $H(t)$ 为

$$H(t) = \frac{1}{\pi} \int_{-\infty}^{+\infty} \frac{s(\tau)}{t - \tau} \mathrm{d}\tau \tag{4.28}$$

组合 $s(t)$ 和 $H(t)$, 可以构成一个解析信号

$$z(t) = s(t) + \mathrm{j}H(t) = A(t)\mathrm{e}^{\mathrm{j}\varphi(t)} \tag{4.29}$$

$$A(t) = \sqrt{s^2(t) + H^2(t)}, \quad \varphi(t) = \arctan \frac{H(t)}{x(t)} \tag{4.30}$$

式中: $A(t)$ 是信号 $z(t)$ 的瞬时幅值; $\varphi(t)$ 是信号 $z(t)$ 的瞬时相位。

对 $\varphi(t)$ 进行求导, 即可得到信号的瞬时频率

$$\omega(t) = \frac{\mathrm{d}\varphi(t)}{\mathrm{d}t} \tag{4.31}$$

实际应用中, 此定义存在着两个问题[20-21]: ① 在频谱分析中, 得到的瞬时频率有的可能不是频谱中的频率; ② 对于一个带限的信号来说, 其瞬时频率有可能在频带之外。

4.4.2 本征模函数

在 Hilbert–Huang 变换中, 本征模函数是要满足以下条件的信号[22]:

(1) 在信号的整个数据长度中, 必须满足零点的数目与极值点的数目相等, 或者最多相差 1 个的条件;

(2) 在信号的任意时刻, 由局部最大值点所确定的上包络线与由局部最小值点所确定的下包络线的均值为零。

对于条件 (1) 来说, 其与传统稳态高斯信号的窄带要求相类似; 条件 (2) 保证了信号以时间轴局部对称, 避免了因波形的不对称而造成瞬时频率的不必要波动, 即瞬时频率不会遭受非对称波形的干扰。对于非平稳信号来说, 要计算信号的局部均值就要计算局部的时间尺度, 而局部的时间尺度概念是比较难定义的。因此, 将

信号的上包络线和下包络线的局部平均值作为计算信号的局部均值, 避免了对局部时间尺度的计算, 但是这一替代方法也造成了一些偏差, Huang 等的研究结果表明, 对于一般的情况, 瞬时频率是可以符合所研究系统的物理意义的[23-25]。

4.4.3 EMD 流程

4.4.3.1 EMD 的条件假设

EMD 有如下两个条件假设:

(1) 任何复杂的振动信号都是由一些不相同的本征模函数所组成, 对于每一个本征模函数, 不管是线性的, 还是非线性、非平稳的, 只要是极值点的数量等于过零点数量, 在相邻的两个过零点之间只存在一个极值点, 并且由极值点组成的上下包络线关于时间轴局部对称, 任何两个模态之间是相互独立的[26-28];

(2) 这些复杂信号在任何时候都会包含许多本征模函数, 如果将多个模态函数进行相互叠加, 就会形成复杂信号。

4.4.3.2 任意信号的 EMD 流程[29-30]

(1) 在振动信号 $s(t)$ 的整个长度上, 寻找信号的所有局部极大值点和局部极小值点, 利用三次样条法分别将所有的极大值点和极小值点连接起来, 就形成了上包络线和下包络线, 根据上包络线和下包络线可以求出它们的平均值 $m_1(t)$, 则

$$s(t) - m_1(t) = h_1(t) \tag{4.32}$$

如果 $h_1(t)$ 满足本征模函数 imf 的条件, 则可以认为 $h_1(t)$ 是振动信号 $s(t)$ 的第一个本征模函数 imf 分量; 否则, 将 $h_1(t)$ 作为原始的信号, 再按照上一步进行运算, 可以再一次得到上包络线和下包络线的平均值 $m_{11}(t)$, 然后再对函数 $h_{11}(t) = h_1(t) - m_{11}(t)$ 进行判断, 看是否满足本征模函数 imf 的条件, 如果仍然不能满足, 则可以继续按照上一步的工作步骤进行计算; 当循环到 n 次时, 式 (4.32) 就会变为 $h_{1(n-1)}(t) - m_{1n}(t) = h_{1n}(t)$, 若 $h_{1n}(t)$ 满足本征模函数 imf 的条件, 那么将 $h_{1n}(t)$ 记作振动信号 $s(t)$ 的第一个满足本征模函数 imf 条件的分量。

(2) 从振动源信号 $s(t)$ 中将 $h_{1n1}(t)$ 分离出来, 即

$$h_{1n1}(t) = s(t) - r_1 \tag{4.33}$$

式中, r_1 为振动信号余量。

然后, 将振动信号余量 r_1 作为原始的信号, 重复前面的步骤 (1) 和 (2), 便可以得到振动信号 $s(t)$ 的第二个满足本征模函数 imf 条件的分量 $h_{1n2}(t)$。这样继续重

复以上的循环 k 次以后, 即可得到振动信号 $s(t)$ 的 k 个满足本征模函数 imf 条件的分量 $h_{1n1}(t), h_{1n2}(t), \cdots, h_{1nk}(t)$。其公式为

$$\begin{cases} h_{1n2}(t) = r_1 - r_2 \\ \quad\vdots \\ h_{1nk}(t) = r_{k-1} - r_k \end{cases} \tag{4.34}$$

直到当 r_k 为一个单一的分量信号时, 结束 EMD 循环, 即为

$$s(t) = \sum_{i=1}^{k} h_{1ni}(t) + r_k \tag{4.35}$$

式中, r_k 为残余函数, 代表信号的平均趋势。

图 4.6 为 EMD 流程图。EMD 的分解过程能够使波形的轮廓进一步对称, 并且模态波形的叠加也被消除掉。由于 EMD 是按照特征时间尺度对信号进行分离的, 即 EMD 先将信号中特征时间尺度为最小的模态函数分离出来, 然后再依次对特征时间尺度比较大的模态函数进行分离, 最后将时间尺度最大的特征分量分离出来。注意, 分离过程是不能过多重复的, 否则将会导致基本模式分量变成纯粹的频率调制信号, 幅值也变成一个恒定值。所以在进行 EMD 分解时, 需要建立一个

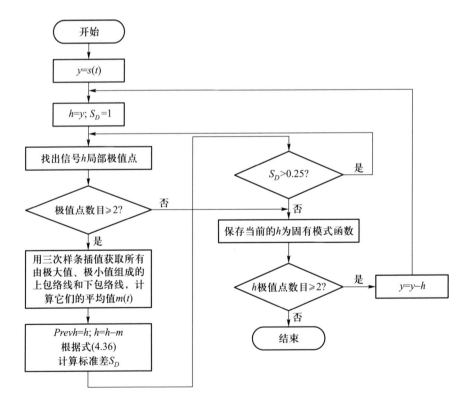

图 4.6 EMD 流程图

确定筛选停止的准则, 并且保证各个本征模函数 imf 能够完全反映实际的幅值和频率。

在信号的实际处理过程中, 常常应用 EMD 的前后分量 $h(t)$ 得到的标准差作为停止准则, 即

$$S_D = \sum_{t=0}^{T} \frac{\left[h_{n-1}(t) - h_n(t)\right]^2}{h_{n-1}^2(t)} \tag{4.36}$$

4.4.3.3 EMD 仿真实验

(1) 以 $x = 3\sin(40\pi t) + 5\sin(120\pi t)\sin(0.2\pi t) + 2\sin(200\pi t)$ 为例进行信号分解, 该信号由一个调幅信号和两个正弦信号组成。图 4.7 为原始时域信号; 图 4.8 为该信号的频谱, 频率为 20Hz、60Hz 和 100Hz; 图 4.9 为该信号的 EMD 变换, 得到 4 个 imf 和一个剩余分量; 图 4.10 为 Hilbert 谱, 可以清楚地看到信号某时刻对应的频率和幅值。

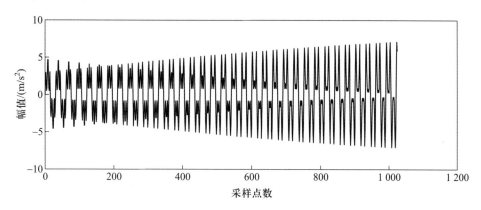

图 4.7　原始时域信号

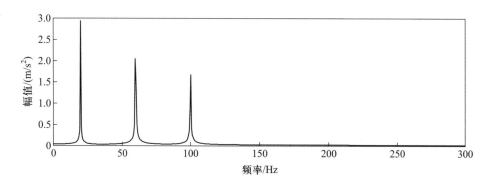

图 4.8　信号的频谱

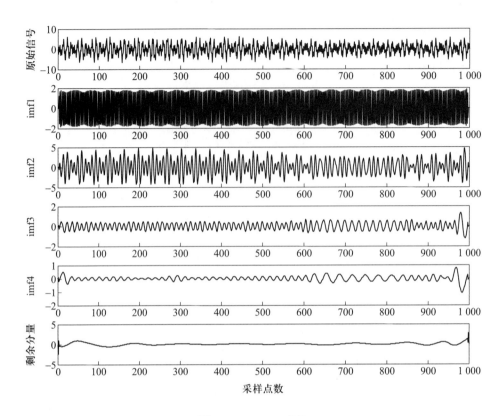

图 4.9   EMD 变换

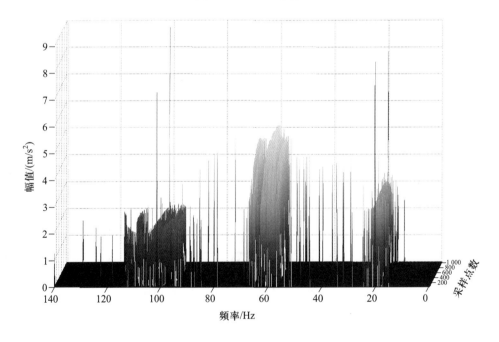

图 4.10   Hilbert 谱 (参见书后彩图)

(2) 以 $s(t) = \sin(60\pi t) + 2\sin(120\pi t)\sin(\pi t/5) + \sin(180\pi t) + \sin(240\pi t) +$ 白噪声为例进行仿真，该信号由 3 个正弦信号、一个调幅信号和白噪声组成。图 4.11 为含噪声信号，图 4.12 为含噪声信号的频谱。对信号 $s(t)$ 进行 EMD 变换，分解为 4 个 imf 分量，如图 4.13 所示。

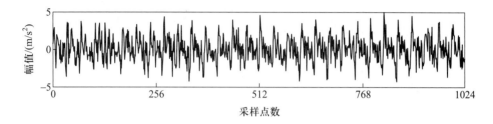

图 **4.11**　含噪声信号

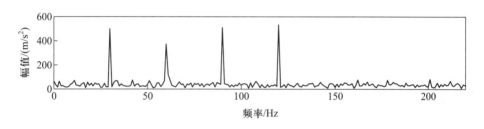

图 **4.12**　含噪声信号的频谱

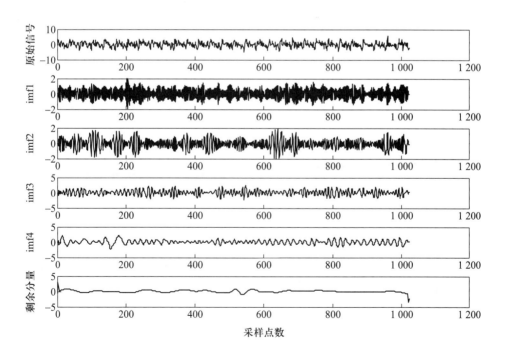

图 **4.13**　EMD 变换

(3) 在实验室内对滚动轴承故障信号进行采集, 如图 4.14, 实验台由调速电机、底座支架、转速传感器、振动传感器、轴承、联轴器等组成。

(a) 传感器布置   (b) 实验台

图 4.14 实验室轴承故障采集平台 (参见书后彩图)

利用 DH187、DH131 加速度传感器和 DH 光电测速传感器测得 6004 滚动轴承的振动信号, 该轴承球体损伤, 轴承转速为 256 r/min。其时域信号如图 4.15 所示。将该信号进行 EMD, 得到如图 4.16 所示信号。

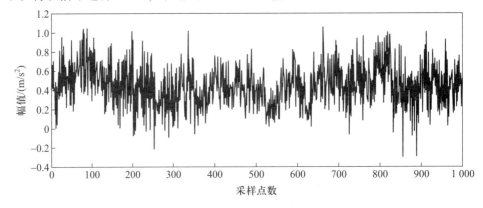

图 4.15 原始信号

根据 Hilbert 谱可以判断某一时刻和频率下的幅值大小, 进而确定其特征。图 4.17 为球体损伤故障信号 Hilbert 谱, 可以看出, 在振动信号中存在明显的冲击分量, 这些分量的特征频率约为 140 Hz。根据球体故障的理论特征频率分析, 球体故障信号正好在这个范围。因此, 可以判定该滚动轴承出现了球体故障。

在旋转机械故障诊断中, 应用 Hilbert–Huang 变换对振动信号冲击特征进行提取的方法, 在时间和频率上都具有良好的分辨能力, 适用于分析和处理非平稳、非线性信号, 并且不会出现交叉项干扰。利用该方法对仿真信号和实际实验轴承信号进行了分析, 有效地分离了冲击响应波形, 得到了实验轴承不同时刻所对应的不同频率和幅值, 为因冲击引起的滚动轴承部件故障特征的提取与诊断提供了有效的方法。

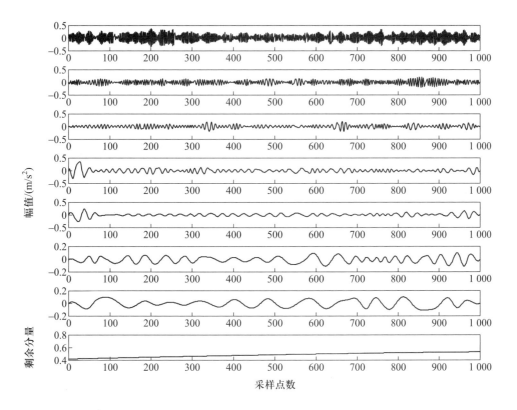

图 **4.16** EMD 变换

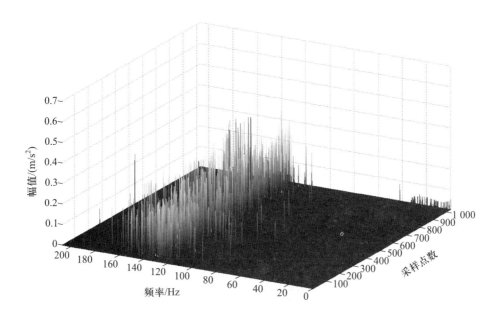

图 **4.17** 球体损伤故障信号 Hilbert 谱 (参见书后彩图)

4.5 基于 EMD 和 FastICA 阈值法的旋转机械故障特征 提取

4.5.1 旋转机械故障特征提取方法

在复杂的旋转机械环境中, 通过多个测点、多个传感器对旋转机械故障设备的振动信号进行采集, 这样每个传感器采集的信号会包含周围其他旋转机械设备或零部件的振动信号。因此, 要想正确地判断该设备的运行状态和故障, 需要对干扰信号进行有效的分离, 提取有用的特征信号成分, 抑制其他噪声成分的干扰, 提高信噪比, 以获取高质量诊断信息[31]。

根据前面两节的分析, 本节提出了基于 EMD 和 FastICA 的阈值法。该方法首先对混合信号进行 EMD, 实现观测信号的数目等于或者多于源信号的数目, 保证对信号能够进行有效的 FastICA 分离, 同时 EMD 也消除了部分噪声; 其次对信号进行线性 FastICA 或非线性 FastICA 分离, 而经过 FastICA 分离后的信号实际上仍有一定的变形; 最后对 FastICA 分离后的信号进行小波阈值滤波降噪处理, 进一步消除随机噪声对监测源信号的干扰, 提高 FastICA 的分离性能, 从而有效地提取旋转机械设备信号的故障特征[32]。基于 EMD 和 FastICA 的小波阈值法的基本过程如图 4.18 所示。

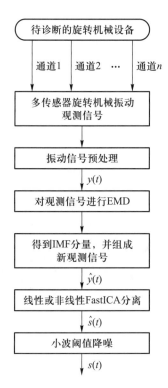

图 4.18 基于 EMD 和 FastICA 的小波阈值法

4.5.2 基于 EMD 和 FastICA 阈值法的仿真实验

(1) 应用基于 EMD 和 FastICA 阈值法对以下 4 个带有噪声的信号进行特征提取:

$$\begin{cases} s_1(t) = \sin 40\pi t + 0.2\mathrm{rand}(\mathrm{size}(t)) \\ s_2(t) = 0.6\sin 40\pi t + 0.04\mathrm{rand}(\mathrm{size}(t)) \\ s_3(t) = \sin 120\pi t + 0.3\mathrm{rand}(\mathrm{size}(t)) \\ s_4(t) = \sin 200\pi t + 0.05\mathrm{rand}(\mathrm{size}(t)) \end{cases}$$

图 4.19 为已知的 4 个含有噪声的时域信号及频谱, 选取的长度为 1 000 个采

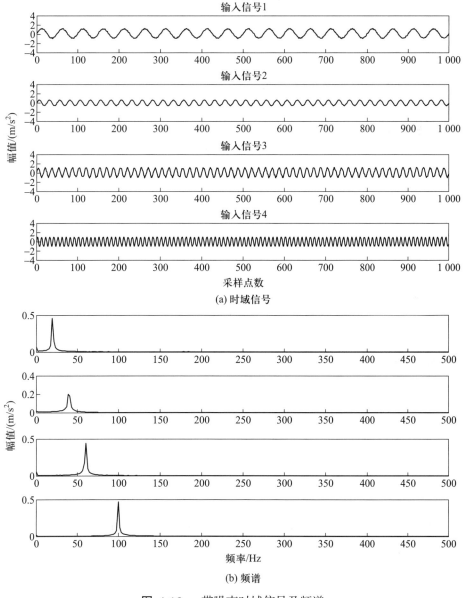

图 4.19 带噪声时域信号及频谱

样点。

任意选取一个 3×4 的混合矩阵, 将 4 个带噪输入信号进行混合, 得到 3 个混合信号, 如图 4.20 所示。

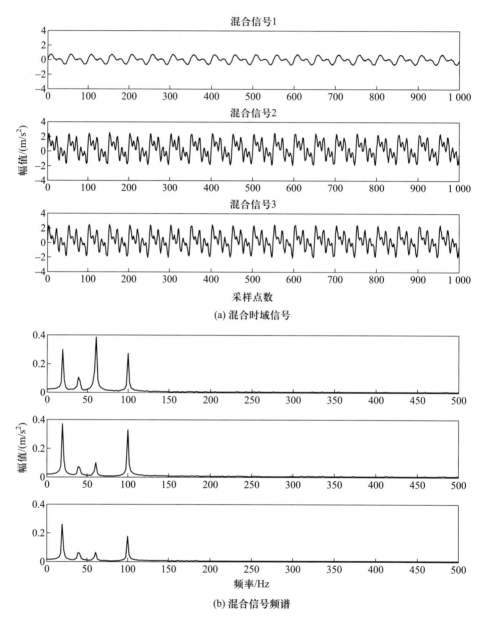

图 4.20 带噪声混合时域信号及频谱

从图 4.20 可以看出, 混合信号 1、2、3 都包含了 4 种频率信号, 为了将 4 种频率信号从图 4.20 所示混合信号的特征信号中分离出来, 采用了 FastICA 分离算法, 图 4.21 为分离后的信号。

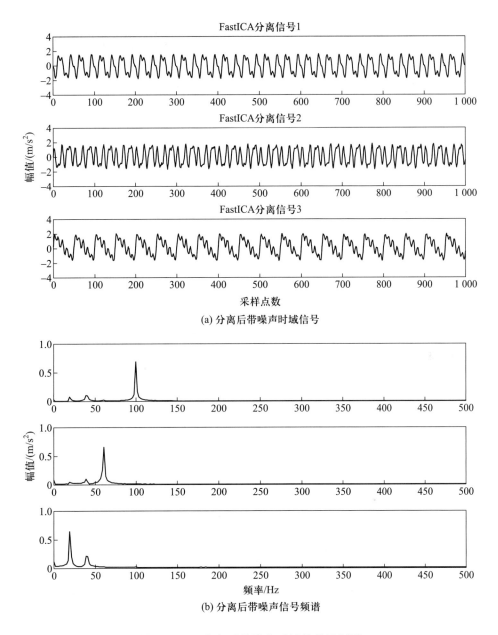

(a) 分离后带噪声时域信号

(b) 分离后带噪声信号频谱

图 4.21 分离后带噪声时域信号及频谱

从图 4.21 可以看出, 采用 FastICA 分离的混合信号并没有将已知的 4 个信号分离出来, 结果是令人很不满意的。为此, 将图 4.20 中的 3 个混合信号分别进行 EMD, 图 4.22 为混合信号 1 经 EMD 后得到的 imf1、imf2、imf3、imf4 和 imf5 共 5 个分量, 这里选取 imf1、imf2、imf3 和 imf4 分量作为 FastICA 分离的一部分。

图 4.23 为混合信号 2 经 EMD 后得到的 imf1、imf2、imf3 和 imf4 分量, 这里选取 imf1、imf2、imf3 分量作为 FastICA 分离的一部分。

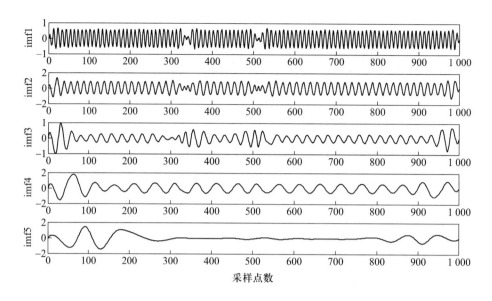

图 4.22　混合信号 1 经 EMD 后的 imf 分量

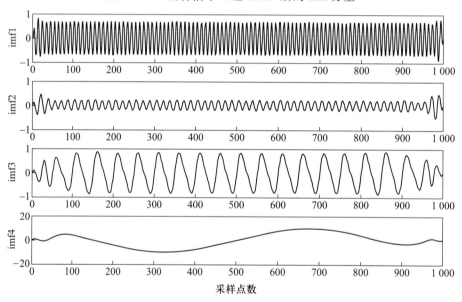

图 4.23　混合信号 2 经 EMD 后的 imf 分量

图 4.24 为混合信号 3 经 EMD 后得到的 imf1、imf2、imf3 和 imf4 分量, 这里选取 imf1、imf2、imf3 分量作为 FastICA 分离的一部分。

对 3 个混合信号进行 EMD 后, 分别选取一定数量的 imf 分量, 然后将 3 个混合信号选取的 10 个 imf 分量和原来的混合信号 1、混合信号 2、混合信号 3 合成为 13 个信号, 并对其进行 FastICA 分离, 得到 13 个分离信号。图 4.25 为分离后的信号, 可以看出, 前 4 个信号为较规则的正弦信号, 它们与源信号基本吻合, 说明 EMD 和 FastICA 结合能够有效地分离出特征信号。

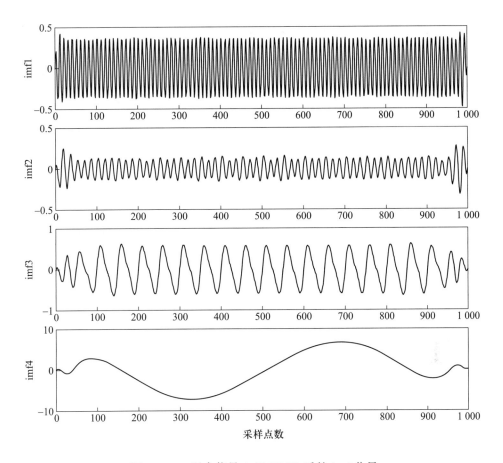

图 4.24　混合信号 3 经 EMD 后的 imf 分量

　　但是, 图 4.25 中前 4 个特征信号存在一定的噪声, 为此对这 4 个信号进行小波阈值降噪, 如图 4.26 所示。可以看出, 降噪后的噪声要比图 4.25 中的小得多, 所以该方法对非平稳信号具有明显的分离效果。

　　(2) 应用基于 EMD 和 FastICA 的阈值法提取轴承的特征信息。实验数据仍采用美国凯斯西储大学轴承数据中心提供的 6205–2RS 型深沟球轴承数据, 采样频率为 12 000 Hz, 选取 2 000 个采样数据进行分析; 其外圈故障频率约为 107.37 Hz, 内圈故障频率约为 162.19 Hz; 球体故障频率约为 141.17 Hz。

　　对该信号进行 EMD 和 FastICA 分离相结合的小波阈值法分析, 图 4.27 为轴承的原始故障信号, 经 EMD 变换得到 imf。图 4.28 为 imf 的时域与能量谱信号, 调整振动信号数目, 再将信号进行 FastICA 分离, 得到如图 4.29 所示的 FastICA 外圈故障分离信号, 最后小波阈值滤波降噪处理结果如图 4.30 所示。

　　由图 4.30 可以看出, 振动信号中存在明显的冲击分量, 这些分量的特征频率范围为 100 ~ 115 Hz, 而外圈故障的理论特征频率是 107.37 Hz。因此, 可以判定该滚动轴承出现了外圈故障。

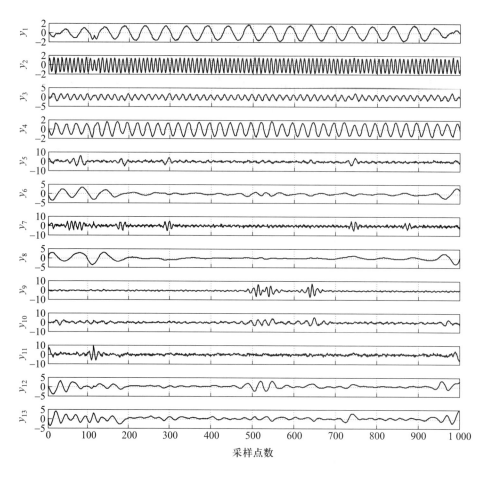

图 4.25　分离后的信号

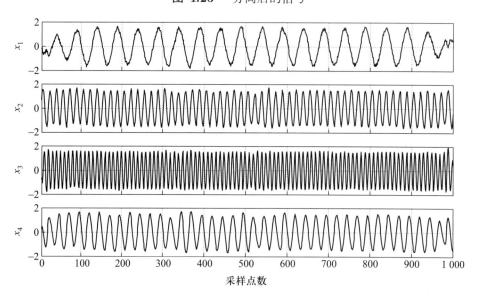

图 4.26　小波降噪后得到的特征信号

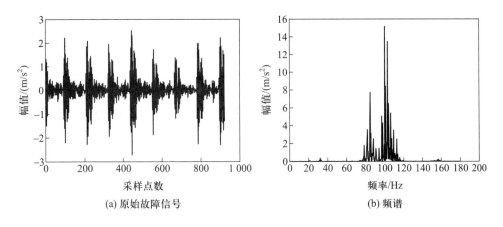

(a) 原始故障信号　　　　　　　　(b) 频谱

图 4.27　轴承外圈原始故障信号及频谱

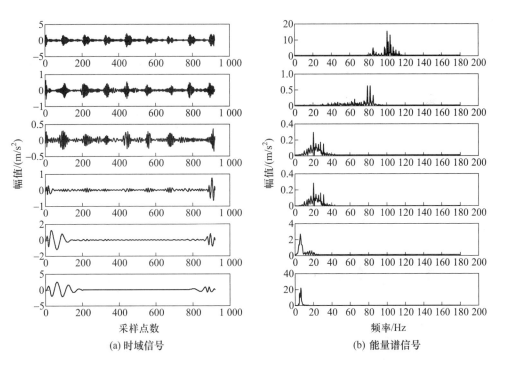

(a) 时域信号　　　　　　　　(b) 能量谱信号

图 4.28　EMD 后的时域信号与能量谱信号

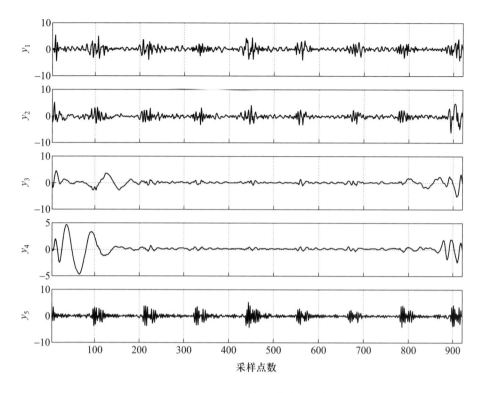

图 4.29   FastICA 外圈故障分离信号

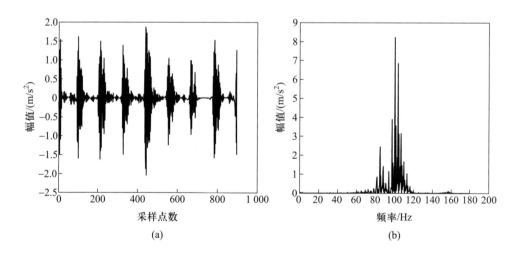

图 4.30   小波阈值降噪后的特征信号

4.6　程序仿真

表 4.1　　EMD 算法

```
clc
clear
close all
t=0:.001:1;
x1=(1+0.5*cos(9*pi*t)).*cos(200*pi*t+2*cos(10*pi*t));
x2=sin(pi*t).*sin(30*pi*t);
x=x1+x2;
Nstd=0.2; % 噪声方差, 一般取值 (0.2,0.3)
NE=100;  % 噪声组数, 取值一般大于 100
%EMD 分解
allmode=eemd(x,Nstd,NE);
allmode=allmode';
[m,n]=size(allmode); %imf 是一个 m*n 阶矩阵, 意味着 m 个 imf 分量和 n 个数据点
emd_visu(x,1:length(x),allmode,m) % 实信号的信号重构及 emd 结果显示函数
```

表 4.2　　FastICA 小波阈值法

```
for i=1:m
dg=(1−(lastwp'*Z).^2).*exp(−0.5*(lastwp'*Z).^2);% 二次微分
wp(i,:)=mean(Z(i,:).*g)−mean(dg)*lastwp(i,:);
end
function Z=zf_fushang(x)
% 对信号源进行负熵分离
% 预白化处理
[m,n]=size(x);
zerox=x−mean(x,2)*ones(1,n);% 中心化
Cxx=cov(zerox.');
[vector,value]=eig(Cxx);
value=abs(value);
whiteMatrix=value^(−1/2)*vector'; % 白化处理
Z=whiteMatrix*zerox;
% 使用负熵分离信源
maxcount=100; % 设定最大的循环次数
minvalue=1E−6; % 设定收敛的门限值
w=ones(m,m); % 设定初始的权矢量
B=[];
for k=1:m
wp=w(:,k);
count=0;
lastwp=zeros(m,1);
while abs(abs(wp'*lastwp)−1)>minvalue
```

```
count=count+1;
lastwp=wp;
for i=1:m
% 选择的 G 函数是 G(y)=−exp(−y^2/2)
g=(lastwp'*Z).*exp(−0.5*(lastwp'*Z).^2); % 一次微分
dg=(1−(lastwp'*Z).^2).*exp(−0.5*(lastwp'*Z).^2); % 二次微分
wp(i,:)=mean(Z(i,:).*g)−mean(dg)*lastwp(i,:);
end
% 对已经提取的分量进行正交化
if(k>1)
wp=wp−w(:,1:(k−1))*w(:,1:(k−1))'*wp;
end
wp=wp./norm(wp);
if count>=maxcount
fprintf('未找到相应的信号');
return;
end
end
w(:,k)=wp;
end
Z=w.'*Z;
```

表 4.3　ICA 的调用函数

```
function Z=ICA(X)
[M,T] = size(X); % 获取输入矩阵的行/列数, 行数为观测数据的数目, 列数为采样点数
average= mean(X')'; % 均值
for i=1:M
X(i,:)=X(i,:)−average(i)*ones(1,T);
end
Cx = cov(X',1); % 计算协方差矩阵 Cx
[eigvector,eigvalue] = eig(Cx); % 计算 Cx 的特征值和特征向量
W=eigvalue^(−1/2)*eigvector'; % 白化矩阵
Z=W*X; % 正交矩阵
Maxcount=10000; % 最大迭代次数
Critical=0.00001; % 判断是否收敛
m=M; % 需要估计的分量的个数
W=rand(m);
for n=1:m
WP=W(:,n); % 初始权矢量 (任意)
%Y=WP'*Z;
%G=Y.^3; %G为非线性函数, 可取 y^3 等
```

```
%GG=3*Y.^2; %G的导数
count=0;
LastWP=zeros(m,1);
W(:,n)=W(:,n)/norm(W(:,n));
while abs(WP−LastWP)&abs(WP+LastWP)>Critical
count=count+1; % 迭代次数
LastWP=WP; % 上次迭代的值
%WP=1/T*Z*((LastWP'*Z).^3)'−3*LastWP;
for i=1:m
WP(i)=mean(Z(i,:).*(tanh((LastWP)'*Z)))−(mean(1−(tanh((LastWP))'*Z).^2)).*LastWP(i);
end
WPP=zeros(m,1);
for j=1:n−1
WPP=WPP+(WP'*W(:,j))*W(:,j);
end
WP=WP−WPP;
WP=WP/(norm(WP));
if count==Maxcount
fprintf('未找到相应的信号');
return;
end
end
W(:,n)=WP;
end
Z=W'*Z;
% 以下为主程序, 主要为原始信号, 观察信号和解混信号作图
clear all;clc;
N=200;n=1:N; %N为采样点数
s1=2*sin(0.02*pi*n); %正弦信号
t=1:N;s2=2*square(100*t,50); %方波信号
a=linspace(1,−1,25);s3=2*[a,a,a,a,a,a,a,a];% 锯齿信号
s4=rand(1,N); % 随机噪声
S=[s1;s2;s3;s4]; % 信号组成 4*N
A=rand(4,4);
X=A*S;% 观察信号
% 源信号波形图
figure(1);subplot(4,1,1);plot(s1);axis([0 N −5,5]);title('源信号');
subplot(4,1,2);plot(s2);axis([0 N −5,5]);
subplot(4,1,3);plot(s3);axis([0 N −5,5]);
subplot(4,1,4);plot(s4);xlabel('Time/ms');
% 观察信号 (混合信号) 波形图
```

续表

---

figure(2);subplot(4,1,1);plot(X(1,:));title(' 观察信号 (混合信号)');

subplot(4,1,2);plot(X(2,:));

subplot(4,1,3);plot(X(3,:));subplot(4,1,4);plot(X(4,:));

Z=ICA(X);

figure(3);subplot(4,1,1);plot(Z(1,:));title(' 解混后的信号');

subplot(4,1,2);plot(Z(2,:));

subplot(4,1,3);plot(Z(3,:));

subplot(4,1,4);plot(Z(4,:));xlabel(' Time/ms');

注: 输入为观察的信号, 输出为解混后的信号。

参考文献

[1] 陈岳东, 蒋林, 屈梁生. 机械故障信号的分离 [J]. 中国机械工程, 1995, 6(2): 48-50.

[2] He Q, Yan R, Kong F, et al. Machine condition monitoring using principal component representations[J]. Mechanical Systems and Signal Processing, 2009, 23(2): 446-466.

[3] 袁小宏, 史东峰. 奇异值分解技术在齿轮箱故障诊断中的应用 [J]. 振动、测试与诊断, 2000, 20(2): 91-96.

[4] 温广瑞, 张西宁, 屈梁生. 奇异值分解技术在声音信息分离中的应用 [J]. 西安交通大学学报, 2003(1): 37-40.

[5] 黄大荣, 陈长沙, 柯兰艳, 等. 误差影响下滚动轴承多重故障模态特征信号的盲源分离方法 [J]. 兵工学报, 2018, 39(07): 1419-1428.

[6] 王川川, 曾勇虎, 赵明洋, 等. 基于小波降噪和盲源分离算法的信号分离方法研究 [J]. 电光与控制, 2017, 24(07): 7-11.

[7] 李成杰. 盲源信号分离算法研究及应用 [D]. 成都: 电子科技大学, 2017.

[8] Jutten C, Herault J. Blind separation of sources. part I: An adaptive algorithm based on neuromimetic architecture[J]. Signal Processing, 1991, 24(1): 1-10.

[9] 马建仓, 牛奕龙. 盲信号处理 [M]. 北京: 国防工业出版社, 2006.

[10] Charkanj N, Deville Y. Selfadaptive separation of convolutively mixed signals with a recursive structure. part I: Stability analysis and optimization of asymptotic behavior[J]. Signal Processing, 1999, 3(73): 225–236.

[11] 杨福生, 洪波. 独立分量分析的原理与应用 [M]. 北京: 清华大学出版社, 2006.

[12] Hyvarinen A, Karhunen J, Oja E. Independent Component Analysis[M]. New York: John Wiley & Sons, 2001.

[13] 胥永刚, 李强, 王正英, 等. 基于独立分量分析的机械故障信息提取 [J]. 天津大学学报, 2006, 39(9): 1066-1071.

[14] 赵谊虹, 张洪渊, 史习智. 一种有效的振动信号分离算法 [J]. 噪声与振动控制, 2003, 37(1): 13-16.

[15] 刘婷婷, 任兴民, 康召辉. Fast ICA 算法在机械振动信号分离中的应用 [J]. 西安工业大学学报, 2008, 28(1): 27-31.

[16] Hyvarinen A. Fast and robust fixed-point algorithms for independent component analysis[J]. Transactions and Neural Networks, 1999, 10(3): 626-634.

[17] 马霄. 基于 EMD 和 FastICA 算法的齿轮箱故障诊断研究 [D]. 郑州: 华北水利水电大学, 2017.

[18] 王建雄, 张立民, 钟兆根. 基于 FastICA 算法的盲源分离 [J]. 计算机技术与发展, 2011, 21(12): 93-96.

[19] Wu Z, Huang N E. A study of the characteristics of white noise using the empirical mode decomposition method[J]. Proceedings of the Royal Society of London, Series A, 2004(460): 1597-1611.

[20] 刘佳, 杨士莪, 朴胜春. 基于 EEMD 的地声信号单通道盲源分离算法 [J]. 哈尔滨工程大学学报, 2011, 32(02): 194-199.

[21] 季策, 孙梦雪, 张君. 基于 EMD 改进算法的欠定混合盲分离 [J]. 东北大学学报 (自然科学版), 2018, 39(08): 1108-1113.

[22] 于德介, 程军圣, 杨宇. 机械故障诊断的 Hilbert-Huang 变换方法 [M]. 北京: 科学出版社, 2006.

[23] Huang N E. A new view of nonlinear waves: The Hilbert spectrum[J]. Annual Review of Fluid Mechanics, 1999(31): 417-457.

[24] 冯志鹏, 褚福磊. 基于 Hilbert-Huang 变换的水轮机非平稳压力脉动信号分析 [J]. 中国电机工程学报, 2005, 25(10): 111-115.

[25] Huang N E, Wu M C, Long S R, et al. A confidence limit for the empirical mode decomposition and Hilbert spectral analysis[J]. Proceedings of the Royal Society of London,Series A, 2003(459): 2317-2345.

[26] 于德介, 程军圣. EMD 方法在齿轮故障诊断中的应用 [J]. 湖南大学学报, 2002, 29(6): 48-51.

[27] 马孝江, 王凤利, 蔡悦, 等. 局域波时频分布在转子系统早期故障诊断中的应用研究 [J]. 中国电机工程学报, 2004, 24(3): 161-164.

[28] Flandrin P, Rilling G, Goncalves P. Empirical mode decomposition as a filter bank[J]. IEEE Signal Processing Letters, 2004, 11(2): 112-114.

[29] Yang Ruixin, He Junyi, Xu Mingyang, et al. An Intelligent and Hybrid Weighted Fuzzy Time Series Model Based on Empirical Mode Decomposition for Financial Markets Forecasting[M]. Springer International Publishing, 2018.

[30] Gehlot M, Kumar Y, Meena H, et al. EMD Based Features for Discrimination of Focal and Non-focal EEG Signals[M]. Springer India, 2015.

[31] 黄刚劲, 范玉刚, 黄国勇. CEEMD 与 FastICA 结合的故障特征提取方法 [J]. 机械强度, 2018, 40(05): 1024-1029.

[32] 赵佳佳, 贾嵘, 武桦, 等. 基于 FastICA-EEMD 的振动信号特征提取 [J]. 水力发电学报, 2017, 36(03): 63-70.

第 5 章　基于遗传神经网络的旋转机械故障诊断方法

目前, 旋转机械设备智能故障诊断方法主要有 BP 神经网络[1]、模糊神经网络、模糊理论、模糊模式识别等。本章利用遗传算法优化 BP 神经网络[2-3], 将旋转机械设备故障特征信息输入到优化的神经网络系统中, 合理地利用系统的特征信息, 准确地诊断出旋转机械设备的故障。

5.1　神经网络结构和算法

5.1.1　神经网络基本描述

神经网络是由一个输入层、一个输出层以及一个或多个隐含层组成的网络结构, 其中每一层由多个节点构成。图 5.1 所示为 M-P 神经元的数学模型, 是大多数神经元模型的基础。

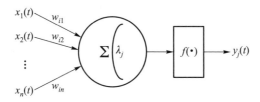

图 5.1　M-P 模型

该模型的表达式为

$$y_j(t) = f\left(\sum_{j=1}^{n} w_{ij} x_i(t) - \lambda_j\right) \tag{5.1}$$

式中, $x_i(t)$ 为神经元输入; w_{ij} 为权值; $y_j(t)$ 为神经元输出; $f(\cdot)$ 为传递函数或激活函数。

5.1.2 BP 神经网络算法

5.1.2.1 BP 神经网络的定义

BP 神经网络的信号前向传播, 而误差反向传递。在信号前向传播的过程中, 输入的信息从输入层经过隐含层逐层处理, 并传向输出层, 每一层神经元的状态只会影响下一层。如果过载了, 输出层没有得到期望输出, 则会转入反向传播, 将误差信号沿着原来的通路返回, 通过修改各层神经元的权值, 使误差信号最小。BP 神经网络是一种按误差反向传播算法训练的多层前馈网络[4-9]。图 5.2 为 BP 神经网络结构。

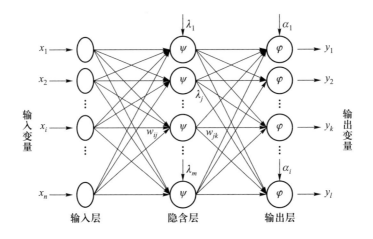

图 5.2 BP 神经网络结构

图 5.2 中各个符号的含义表示如下:

(1) x_i 为输入层第 i 个节点的输入值, $i = 1, \cdots, n$;

(2) w_{ij} 为输入层第 i 个节点到隐含层第 j 个节点之间的权值;

(3) λ_j 为隐含层第 j 个节点的阈值,$j = 1, \cdots, m$;

(4) $\psi(x)$ 为隐含层的激励函数;

(5) w_{jk} 为隐含层第 j 个节点到输出层第 k 个节点之间的权值, $j = 1, \cdots, m$;

(6) α_k 为输出层第 k 个节点的阈值, $k = 1, \cdots, l$;

(7) $\varphi(x)$ 为输出层的激励函数;

(8) y_k 为输出层第 k 个节点的输出。

5.1.2.2 BP 神经网络的数学描述

1. 信号前向传播过程

隐含层第 j 个节点的输入为

$$\text{net}_j = \sum_{j=1}^{m} w_{ij} x_i + \lambda_j \tag{5.2}$$

隐含层第 j 个节点的输出为

$$o_j = \psi(\text{net}_j) = \psi\left(\sum_{j=1}^{m} w_{ij} x_i + \lambda_j\right) \tag{5.3}$$

输出层第 k 个节点的输入为

$$\text{net}_k = \sum_{k=1}^{l} w_{jk} o_j + \alpha_k = \sum_{k=1}^{l} w_{jk} \psi\left(\sum_{j=1}^{m} w_{ij} x_i + \lambda_j\right) + \alpha_k \tag{5.4}$$

输出层第 k 个节点的输出为

$$y_k = \varphi(\text{net}_k) = \varphi\left(\sum_{k=1}^{l} w_{jk} o_j + \alpha_k\right) = \varphi\left(\sum_{k=1}^{l} w_{jk} \psi\left(\sum_{j=1}^{m} w_{ij} x_i + \lambda_j\right) + \alpha_k\right) \tag{5.5}$$

2. 网络训练误差的反向传播过程

网络训练误差反向传播过程先从输出层开始, 逐层计算出各层神经元的输出误差[10]; 然后通过误差梯度下降法调节各层的权值和阈值, 使修改后网络的最终输出值和期望值接近。

设每一个样本 p 的二次型误差准则函数为 E_p, 可表达为

$$E_p = \frac{1}{2} \sum_{k=1}^{l} (T_k - y_k)^2 \tag{5.6}$$

而对 P 个训练样本的总误差准则函数为

$$E = \frac{1}{2} \sum_{p=1}^{P} \sum_{k=1}^{l} (T_{pk} - y_{pk})^2 \tag{5.7}$$

利用误差梯度下降法对输出层权值修正量 Δw_{jk}、输出层阈值修正量 $\Delta \alpha_k$、隐含层权值修正量 Δw_{ij} 以及隐含层阈值修正量 $\Delta \lambda_j$ 进行依次修正

$$\Delta w_{jk} = -\eta \frac{\partial E}{\partial w_{jk}}; \quad \Delta \alpha_k = -\eta \frac{\partial E}{\partial \alpha_k}; \quad \Delta w_{ij} = -\eta \frac{\partial E}{\partial w_{ij}}; \quad \Delta \lambda_j = -\eta \frac{\partial E}{\partial \lambda_j} \tag{5.8}$$

则输出层权值公式调整为

$$\Delta w_{jk} = -\eta \frac{\partial E}{\partial w_{jk}} = -\eta \frac{\partial E}{\partial \text{net}_k} \cdot \frac{\partial \text{net}_k}{\partial w_{jk}} = -\eta \frac{\partial E}{\partial y_k} \cdot \frac{\partial y_k}{\partial \text{net}_k} \cdot \frac{\partial \text{net}_k}{\partial w_{jk}} \tag{5.9}$$

输出层阈值公式调整为

$$\Delta\alpha_k = -\eta\frac{\partial E}{\partial \alpha_k} = -\eta\frac{\partial E}{\partial \mathrm{net}_k}\cdot\frac{\partial \mathrm{net}_k}{\partial \alpha_k} = -\eta\frac{\partial E}{\partial y_k}\cdot\frac{\partial y_k}{\partial \mathrm{net}_k}\cdot\frac{\partial \mathrm{net}_k}{\partial \alpha_k} \tag{5.10}$$

隐含层权值公式调整为

$$\Delta w_{ij} = -\eta\frac{\partial E}{\partial \Delta w_{ij}} = -\eta\frac{\partial E}{\partial \mathrm{net}_j}\cdot\frac{\partial \mathrm{net}_j}{\partial w_{ij}} = -\eta\frac{\partial E}{\partial y_j}\cdot\frac{\partial y_j}{\partial \mathrm{net}_j}\cdot\frac{\partial \mathrm{net}_j}{\partial w_{ij}} \tag{5.11}$$

隐含层阈值公式调整为

$$\Delta\lambda_j = -\eta\frac{\partial E}{\partial \lambda_j} = -\eta\frac{\partial E}{\partial \mathrm{net}_j}\cdot\frac{\partial \mathrm{net}_j}{\partial \lambda_j} = -\eta\frac{\partial E}{\partial y_j}\cdot\frac{\partial y_j}{\partial \mathrm{net}_j}\cdot\frac{\partial \mathrm{net}_j}{\partial \lambda_j} \tag{5.12}$$

又根据

$$\frac{\partial E}{\partial y_k} = -\sum_{p=1}^{P}\sum_{k=1}^{l}(T_{pk} - y_{pk}) \tag{5.13}$$

$$\frac{\partial \mathrm{net}_k}{\partial w_{jk}} = y_j; \quad \frac{\partial \mathrm{net}_k}{\partial \alpha_k} = 1; \quad \frac{\partial \mathrm{net}_j}{\partial w_{ij}} = x_j; \quad \frac{\partial \mathrm{net}_j}{\partial \lambda_j} = 1 \tag{5.14}$$

$$\frac{\partial E}{\partial y_j} = -\sum_{p=1}^{P}\sum_{k=1}^{l}(T_{pk} - y_{pk})\cdot\varphi^{-1}(\mathrm{net}_k)\cdot w_{jk} \tag{5.15}$$

$$\frac{\partial y_j}{\partial \mathrm{net}_j} = \psi'(\mathrm{net}_j) \tag{5.16}$$

$$\frac{\partial y_k}{\partial \mathrm{net}_k} = \varphi'(\mathrm{net}_k) \tag{5.17}$$

可知, 输出层权值修正量 Δw_{jk} 的公式为

$$\Delta w_{jk} = \eta\sum_{p=1}^{P}\sum_{k=1}^{l}(T_{pk} - y_{pk})\cdot\varphi^{-1}(\mathrm{net}_k)\cdot y_j \tag{5.18}$$

输出层阈值修正量 $\Delta\alpha_k$ 的公式为

$$\Delta\alpha_k = \eta\sum_{p=1}^{P}\sum_{k=1}^{l}(T_{pk} - y_{pk})\cdot\varphi^{-1}(\mathrm{net}_k) \tag{5.19}$$

隐含层权值修正量 Δw_{ij} 的公式为

$$\Delta w_{ij} = \eta\sum_{p=1}^{P}\sum_{k=1}^{l}(T_{pk} - y_{pk})\,\varphi^{-1}(\mathrm{net}_k)\,w_{jk}\cdot\psi'(\mathrm{net}_j)\cdot x_j \tag{5.20}$$

隐含层阈值修正量 $\Delta\lambda_j$ 的公式为

$$\Delta\lambda_j = \eta\sum_{p=1}^{P}\sum_{k=1}^{l}(T_{pk} - y_{pk})\,\varphi^{-1}(\mathrm{net}_k)\,w_{jk}\cdot\psi'(\mathrm{net}_j) \tag{5.21}$$

5.1.2.3 BP 神经网络算法的流程图

BP 神经网络算法的流程图如图 5.3 所示。

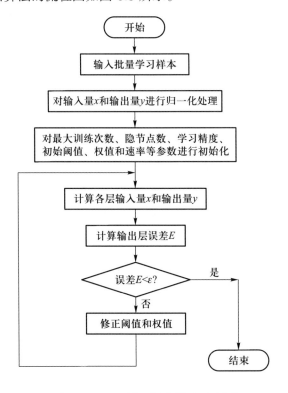

图 5.3 BP 神经网络算法流程图

BP 神经网络具有算法简单易行、计算量小、并行性强等优点,是神经网络训练采用最多的算法之一,但也有一些不足之处。

5.1.3 BP 神经网络算法的不足

由于 BP 神经网络算法应用了非线性规划中的梯度法,按照误差函数的负梯度方向对权值进行修正,因此导致 BP 神经网络算法存在以下不足:

(1) 学习效率比较低,收敛速度比较慢。由于要求学习效率 η 必须小于某一上限值,从而限制了 BP 神经网络算法的收敛速度,而且梯度的变化值在接近极小值时收敛速度是逐渐趋近于零的,这就导致 BP 神经网络算法的收敛速度越来越慢。

(2) 容易在局部极小值处收敛,不能保证找到全局最小收敛点。实际问题的求解空间极为复杂,而且是多维曲面,并且这些多维曲面存在许多局部极小值,这就大大增加了收敛于局部极小值的可能性。因此,初始权值的选择对 BP 神经网络算法的学习结果影响很大,如果随机地设置初始权值,经 BP 神经网络算法训练后很难达到全局最优点。

(3) 对于 BP 神经网络的隐含层数及隐含层内单元数的选取, 仅仅凭经验而定, 没有一定的科学方法。所以,BP 神经网络结构存在很大的冗余性, 使网络学习时间延长。

5.1.4　BP 神经网络算法的改进措施

由于 BP 神经网络算法存在以上缺点, 许多学者对 BP 神经网络算法进行了改进, 提出以下几种算法:

(1) 附加动量算法。

标准 BP 神经网络算法在权值修正时, 只是按照某一时刻的负梯度方向进行修正, 而没有考虑该时刻以前的梯度方向, 这样经常使训练过程出现振荡, 收敛速度缓慢。为了减少学习过程中出现的振荡, 在对每一个权值或阈值进行调整时, 添加一项正比于前一次权值或阈值的变化量, 再通过反向传播的方法得到新的权值或阈值的变化, 即为附加动量算法[5,11]。

带有附加动量因子的权值调节公式和阈值调节公式分别为

$$\Delta w_{ij}(n+1) = (1-m_c)\eta\delta_i p_j + m_c \Delta w_{ij}(n) \tag{5.22}$$

$$\Delta \lambda_i(n+1) = (1-m_c)\eta\delta_i + m_c \Delta \lambda_i(n) \tag{5.23}$$

式中, n 为训练次数; η 为学习步长; m_c 为动量因子, $0 < m_c < 1$。

附加动量算法是根据动量因子的不同取值设置权值或阈值的变化, 如果动量因子是 1, 新的权值或阈值的变化就为最后一次权值或阈值的变化, 而忽略按梯度法产生的变化部分; 如果动量因子取值是 0, 权值或阈值的变化只可以由梯度下降法产生。利用这种方法, 当动量项增加以后, 就会加快权值的调节, 使其向着误差曲面底部的平均方向发生变化; 当权值到达误差曲面底部的平坦区域时, δ_i 就会变得非常小, 使得 $\Delta w_{ij}(n+1) = \Delta w_{ij}(n)$, 防止了 $\Delta w_{ij} = 0$, 有利于网络从误差曲面的局部极小值处跳出。

附加动量算法的特点是: 如果前一次的校正量过大, 惯性项和本次误差校正项的符号就会相反, 减小了本次实际的校正量, 从而学习过程中的振荡随之减小; 如果前一次校正量过小, 那么惯性项和本次误差校正项的符号就会相同, 加速了校正速度。该方法既考虑了误差曲面上变化趋势所造成的影响, 也考虑了误差在梯度上的作用, 解决了 BP 神经网络算法易陷入局部极小值的问题。

(2) 自适应学习速率算法。

在标准 BP 神经网络算法中的学习率 η 是一个确定值, η 如果过小, 训练过程就会变得非常缓慢; 相反, η 如果过大, 可能会修正过头, 导致振荡, 甚至出现发散状态。为了克服这一缺点, 应根据具体的问题选择 η 值, 并且使 η 值具有自适应性,这种方法称为自适应学习速率法[12]。在实际训练中, 有的 η 值在初期有较好的学习效果, 但在后来的训练过程中不一定合适, 所以在训练过程中要不断地调节学习速率, 其准则是检查权值的修正值能否使误差函数真正地降低。如果误差函数降低了, 说明所选取的学习速率 η 值小了, 可以适当地增加一个量; 如果相反, 就得减少学习的速率值。下面给出自适应学习速率的一种调整公式:

$$\eta(n+1) = \begin{cases} (1+\alpha)\eta(n), & E_{n+1} < E_n \\ (1-\alpha)\eta(n), & E_{n+1} \geqslant E_n \end{cases}$$

式中, E_n 为第 n 步误差平方和; η 为学习速率, 初始学习速率 $\eta(0)$ 的选取范围随意性很大。

(3) 累积误差校正算法[5]。

累积误差校正算法是累积所有的学习模式误差, 当计算出全部 m 个学习模式的误差后, 就将这 m 个误差进行累加, 再将累加后的误差按照逆向顺序调整各层间的连接权。这种算法克服了标准 BP 神经网络算法中每一次输入都会校正一次权值的缺点, 使每一个连接权的校正次数大大减少, 即每一次学习就会减少 $m-1$ 次校正, 从而大大加快了收敛速度。

(4) S(Sigmoid) 型函数输出限幅算法。

由于连接权值的校正量是与中间层的输出相关的, 如果中间层输出的是 "1" 或 "0", 校正量都为 "0", 则校正就不起作用。为确保每一次学习都能够进行有效的校正, 就要限制 S 型函数实际的输出, 使其输出值不能是 "1" 或者是 "0", 如果输出值比 0.01 小或者比 0.99 大, 则将该输出值就直接定为 0.01 或 0.99, 从而加快收敛过程。

(5) 导数提升算法。

在 BP 神经网络算法中, 各层权值的调整都是与 S 型函数 $f(x)$ 的导数 $f'(x)$ 相关的, 但如果 $f(x)$ 趋近于 1 或者 0, 则 $f'(x)$ 也将趋近于 0, 从而使 BP 神经网络的调节能力丧失, 导致 BP 神经网络算法收敛速度极慢。因此, 对 S 型函数作如下修改:

$$f^*(x) = f(x) + \varepsilon x \tag{5.24}$$

式中, $f^*(x)$ 为修正后的 S 型函数; ε 为修正数, 取值一般为 $0.05 \sim 0.1$。该方法能够有效地克服陷入局部极小值的缺陷。

(6) 对 BP 神经网络优化的遗传算法。

遗传算法 (GA) 是基于自然选择与遗传的生物进化机制的搜索方法, 其问题求解是一个随机寻优的过程, 可解决局部收敛的问题[13-15]。通过将遗传算法与 BP 神经网络算法相结合, 既能够发挥 BP 神经网络算法的泛化映射能力, 又能够克服

BP 神经网络算法易陷入局部极值的问题, 从而使神经网络具有较快的收敛速度和较强的学习能力。

对以上 6 种 BP 神经网络算法的改进措施进行比较, 认为遗传算法对 BP 神经网络算法的优化更具收敛速度快和避免陷入局部极值的优点。所以, 下面应用此方法进行旋转机械故障诊断。

5.1.5　BP 神经网络的设计与分析

要得到合理设计的 BP 神经网络, 就要从神经网络的层数、每一层隐含的神经元个数、初始值的选取以及学习速率等方面进行综合分析。

1. 网络的层数

对于具有偏差和至少存在一个 S 型隐含层加上一个线性输出层的神经网络, 其能够逼近任何的有理数[12]。层数增加会进一步降低误差, 提高神经网络的精度, 但是神经网络会变得更加复杂, 神经网络权值的训练时间也会相应地延长, 所以神经网络层数不能过多。

2. 隐含层的神经元数

增加神经元的数目有利于提高神经网络的训练精度, 并且训练效果也比增加层数容易调整与观察。通常情况下采用一个隐含层, 相应增加神经元的数目可提高神经网络的训练精度, 而对隐含层节点数没有明确规定, 在具体设计 BP 神经网络时, 可通过对一些具有不同神经元数目的神经网络进行训练和对比, 适当增加神经元数目即可。

3. 初始权值的选取

神经网络系统是非线性的, 因此初始值的选取将直接决定该系统能否达到局部最小值和收敛, 影响训练时间的长短。初始权值一般在 $(-1,1)$ 区间随机选取。

4. 学习速率

在循环训练中, 学习速率决定了权值每一次产生的变化量。如果学习速率过大, 会导致神经网络系统不稳定; 相反, 如果学习速率过小, 则会导致神经网络训练时间比较长, 收敛的速度就变得非常慢, 但是能够保证神经网络的误差值处于误差表面的低谷, 使其能够最终接近最小的误差值。为了能够使神经网络系统稳定, 学习速率一般在 $(0.01,0.8)$ 区间选取。

5.2　遗传算法的基本原理

遗传算法是根据自然界中 "适者生存, 优胜劣汰" 的生物进化模型而提出的一种优化算法, DeJong[16] 在其博士论文中将遗传算法用于解决优化问题并获得成功,从而进入了实践开发阶段。该算法能够在复杂的空间中进行鲁棒搜索, 并且能够以有限的代价来解决许多传统优化方法难以解决的问题。

5.2.1 遗传算法的构成

遗传算法主要由编码方案的确定、个体适应度评价函数的设计、遗传算子的设计以及基本遗传算法控制参数的选取 4 个基本要素构成[17]。每一个基本要素与不同的设计环境相对应, 各自有相应的设计方法与策略, 进而又导致了相应遗传算法具有不同的性能和特征。

5.2.1.1 遗传编码

遗传算法是不能够直接处理问题空间参数的[18], 它是将问题的可行解从其解空间转换到能够用遗传算法处理的搜索空间, 这一过程就称为编码; 反过来, 由编码后的搜索空间向问题空间映射, 则称为解码。由于遗传算法在搜索全局最优解的计算过程中具有一定的鲁棒性, 所以对编码的要求一般不是很严格。遗传算法的进化过程需要先编码, 编码效果的好坏对遗传算法的性能, 例如种群的多样性、搜索能力等有很大的影响, 所以说编码是遗传算法设计的关键步骤。个体的染色体排列形式和个体从搜索空间的基因型变换到解空间的表现型都是由编码和解码决定的, 所以说编码对交叉算子、变异算子等遗传运算也有影响。

遗传算法参数编码要遵从的两个原则是最小字母表原则和深层意义上的建筑块原则。编码时一般要满足以下几点:

(1) 完备性: 要求问题空间中所有的点都能够成为遗传算法搜索空间中点的表现型。

(2) 健全性: 遗传算法搜索空间中染色体的位串必须与问题空间中某一潜在的解相对应。

(3) 非冗余性: 染色体与潜在的解要具有一一对应关系。

在遗传算法中, 可以采用的编码方法有很多种, 例如二进制编码、浮点数编码、符号编码、交叉编码、DNA 编码等[19]。目前, 二进制编码是最常用的一种方法, 它由二进制符号 0 和 1 所组成的二值符号集进行编码, 所以, 经过编码后的遗传基因型其实质是一个二进制符号串。对连续实函数的二进制编码可描述如下:

设一维连续实函数 $f(x), x \in [u, v]$, 采用长度为 L 的二进制字符串进行定长编码, 建立如下位串空间:

$$S^L = \{a_1, a_2, \cdots, a_K\}, \quad a_k = (a_{k1}, a_{k2}, \cdots, a_{kL}) \tag{5.25}$$

式中, $a_{kl} \in \{0, 1\}$, $k = 1, 2, \cdots, K$, $l = 1, 2, \cdots, L$, $K = 2^L$。

个体向量表示为 $\boldsymbol{a}_k = (a_{k1}, a_{k2}, \cdots, a_{kL})$，其字符串形式为 $s_k = a_{k1}a_{k2}\cdots a_{kL}$，$s_k$ 为个体 a_k 对应的位串，其精度表示为

$$\Delta x = \frac{v - u}{2^L - 1} \tag{5.26}$$

将个体位串空间转换到问题空间的解码函数是 $\Gamma : \{0,1\}^L \to [u, v]$，其公式定义为

$$x_k = \Gamma(a_{k1}, a_{k2}, \cdots, a_{kL}) = u + \frac{v - u}{2^L - 1}\left(\sum_{j=1}^{L} a_{kj}2^{L-j}\right) \tag{5.27}$$

对于 n 维连续函数 $f(x)$，$x = (x_1, x_2, \cdots, x_n)$，$x_i \in [u_i, v_i](i = 1, 2, \cdots, n)$，各维变量二进制编码的位串长度为 l_i，那么 x 的编码从左到右依次构成总长度为 $L = \sum_{i=1}^{n} l_i$ 的二进制编码位串。相应的遗传算法编码空间为

$$S^L = \{a_1, a_2, \cdots, a_K\}, \quad K = 2^L \tag{5.28}$$

该空间上的个体位串结构为

$$a_k = (a_{k1}^1, a_{k2}^1, \cdots, a_{kl_1}^1, a_{k1}^2, a_{k2}^2, \cdots, a_{kl_2}^2, \cdots, a_{k1}^i, a_{k2}^i, \cdots, a_{kl_i}^i, \cdots,$$
$$a_{k1}^n, a_{k2}^n, \cdots, a_{kl_n}^n) \tag{5.29}$$

$$s_k = a_{k1}^1 a_{k2}^1 \cdots a_{kl_1}^1 a_{k1}^2 a_{k2}^2 \cdots a_{kl_2}^2 \cdots a_{k1}^i a_{k2}^i \cdots a_{kl_i}^i \cdots a_{k1}^n a_{k2}^n \cdots a_{kl_n}^n, \quad a_{kl}^i \in \{0,1\} \tag{5.30}$$

对于已给定的二进制编码位串 s_k 来说，其位段解码函数的形式为

$$x_i = \Gamma^i(a_{k1}^i, a_{k2}^i, \cdots, a_{kl_i}^i) = u_i + \frac{v_i - u_i}{2^{l_i} - 1}\left(\sum_{j=1}^{l_i} a_{kj}^i 2^{l_i - j}\right), \quad i = 1, 2, \cdots, n \tag{5.31}$$

二进制编码和解码操作比较简单，交叉和变异也比较容易实现，有利于应用模式定理对遗传算法进行理论分析，符合最小字母表编码原则。

5.2.1.2　适应度评价函数与标定

1. 适应度评价函数

适应度评价函数用来对个体染色体编码串的适应性进行评价，评价函数的选取会直接影响遗传算法收敛的速度和全局最优解的获取。一个好的染色体位串结构具有较高的适应度值，在遗传进化过程中存活下来的概率就会大。

适应度评价函数一般是由目标函数变化而成的，是遗传算法在进化过程中搜索的依据，如果目标函数没有受到连续可微的约束，则定义域可为任意集合。常用的适应度评价函数有：

(1) 直接将待求解的目标函数转化为适应度函数。

如果目标函数为最大化问题, 有

$$\text{Fit}(f(x)) = f(x)$$

如果目标函数为最小问题, 有

$$\text{Fit}(f(x)) = -f(x)$$

这种适应度函数比较简单并且直观, 但是在常用的轮盘赌选择过程中, 可能不满足概率非负的要求, 所以需对该方法作下述修改。

(2) 如果目标函数是最小化问题, 其适应度函数和目标函数之间的映射关系可以表示为

$$\text{Fit}(f(x)) = \begin{cases} c_{\max} - f(x), & \text{若 } f(x) < c_{\max} \\ 0, & \text{其他} \end{cases} \tag{5.32}$$

式中, $c_{\max}$ 为 $f(x)$ 最大估计值。

如果目标函数为最大化问题, 其适应度函数和目标函数之间的映射关系可以表示为

$$\text{Fit}(f(x)) = \begin{cases} f(x) - c_{\min}, & \text{若 } f(x) > c_{\min} \\ 0, & \text{其他} \end{cases} \tag{5.33}$$

式中, $c_{\min}$ 为 $f(x)$ 最小估计值。

(3) 用界限构造法将目标函数转变为适应度函数。

如果目标函数为最小化问题, 有

$$\text{Fit}(f(x)) = \frac{1}{1 + c + f(x)}, \quad c \geqslant 0, \ c + f(x) \geqslant 0 \tag{5.34}$$

如果目标函数为最大化问题, 有

$$\text{Fit}(f(x)) = \frac{1}{1 + c - f(x)}, \quad c \geqslant 0, \ c - f(x) \geqslant 0 \tag{5.35}$$

式中, c 为目标函数界限的保守估计值。这种方法与方法 (2) 比较相似, 但是会有难于进行界限值预先估计和估计不精确的问题。

2. 适应度评价函数尺度变换

在适应度评价函数使用过程中, 可能会存在两种不利的情况: 一是在遗传进化过程初期, 出现了一些异常个体, 这些异常个体在采用比例选择策略时, 会在群体中占有很大的比例, 从而造成未成熟收敛。这主要是因为某些异常个体的竞争力表现

突出, 控制着整个遗传选择过程, 使遗传算法的全局优化性能受到影响; 解决的办法是通过缩小这些异常个体相应的适应度值, 降低其竞争力。二是在遗传算法的进化过程中, 即使群体存在个体多样性, 也常常会出现群体的平均适应度与最佳个体适应度相接近的情况, 从而减弱了个体之间的竞争力, 使选择最佳个体与选择其他个体的机会相等, 导致有目标的优化过程演变成无目标的随机搜索过程, 即出现随机漫游现象[20]; 解决的办法是提高最优个体的适应度函数值, 从而增加该个体被选择的概率。

在遗传算法的不同运行阶段, 可以通过缩放适应度值, 相应地改变个体之间竞争力的差异, 那么这种适当地扩大或缩小个体适应度的方法就称为适应度尺度变换, 通常的变换方法有[21]:

(1) 线性尺度变换: $f' = af + b$。

(2) 乘幂尺度变换: $f' = f^k$。

(3) 指数尺度变换: $f' = \exp(-df)$

上式中, f 是原适应度函数; f' 是变换后的适应度函数; a、b、d、k 分别是与其方法相关的系数, 在运算过程可以不断调整。

5.2.1.3 遗传算子

遗传算法是模仿生物界中遗传与进化过程中的选择、交叉和变异机理, 以完成问题求解最优的自适应搜索过程。选择、交叉和变异 3 种操作算子是遗传算法强大搜索能力的核心[22], 构成了遗传操作。

1. 选择

选择是根据群体中每个个体的适应度, 依照合理的规则或者方法, 从第 t 代群体 $G(t)$ 中选择出一些优良的个体, 并将这些优良的个体遗传到下一代群体 $G(t+1)$ 中。其主要方法包括以下几种:

1) 适应度比例选择

这是一种最基本的选择方法, 其中每个个体适应度和群体平均适应度的比例与其被选择的期望数量相关。该方法通常采用轮盘赌选择机理, 即先计算每个个体 i 的适应度值 f_i, 再计算此个体的适应度值在 N 个个体的种群适应度值总和中所占的比例, 即可得到该个体在选择过程中被选中的概率

$$P_i = \frac{f_i}{\sum_{i=1}^{N} f_i}, \quad i = 1, 2, \cdots, N \tag{5.36}$$

由式 (5.36) 可以看出, 个体的适应度越大, 则被选择的概率就会越大。为了选出足够多的交配个体, 需要进行多次轮盘赌选择, 并将每轮产生的一个 $[0,1]$ 区间

的均匀随机数作为选择指针, 用来确定被选个体。

但是该方法存在两方面不足: 一是由于随机操作, 有时适应度比较高的个体不会被选择, 导致选择误差较大; 二是如果群体中每个个体的适应度值差异很大, 最佳个体和最差个体被选择的概率之比将按指数级增长, 这样就会导致最佳个体在下一代的生存机会显著增加, 而最差个体将无法生存。若整个群体快速充满最佳个体, 会使群体的多样性减少, 遗传算法的进化能力就会过早地丧失。

2) 玻尔兹曼选择

在群体进化中, 最佳个体与最差个体被选择的概率之比因进化阶段不同而不同, 即选择的压力不同。在进化早期阶段, 最佳个体与最差个体被选择的概率较小, 所以选择压力较小, 较差的个体有一定的生存机会, 从而保证群体具有较高的多样性; 在进化后期阶段, 选择压力会变得较大, 遗传算法搜索的邻域就会相应地缩小, 从而提高了搜索最优解的速度。玻尔兹曼选择[22] 是为进化过程中动态调整群体选择压力而设计的一种方法, 其表达公式如下:

$$p_s(a_j) = \frac{\mathrm{e}^{f(a_j)/T}}{\sum\limits_{i=1}^{n} \mathrm{e}^{f(a_i)/T}}, \quad j = 1, 2, \cdots, n \tag{5.37}$$

式中, T 为退火温度, 其值为非负数, 且随迭代次数的增加逐渐缩小, 选择压力随之升高。T 是控制群体进化过程中选择压力的关键, 其值的选择需要考虑预计的最大进化代数。

3) 排序选择

排序选择是先将群体中的个体按照各自的适应度值从大到小排成一个序列, 然后再将事先已经设计好的序列按概率分配给相对应的每个个体。该方法可以根据进化的效果适时调节群体的选择压力, 在实际计算过程中该方法常被采用。线性排序选择是采用函数的线性特性将队列序号映射为期望选择的概率, 是排序选择法中最为常用的方法之一。

对于规模为 n, 并且个体适应度值满足降序排列 $g(a_1) \geqslant g(a_2) \geqslant \cdots \geqslant g(a_n)$ 的群体 $G = \{a_1, a_2, \cdots, a_n\}$, 如果在当前群体中的最佳个体为 a_1, 则经过选择操作后的期望数量为 η^+; 若最差个体为 a_n, 则经过选择操作后的期望数量为 η^-。对于其他个体, 选择操作后的期望数量按等差序列计算。

根据

$$\Delta\eta = \eta_i - \eta_{i-1} = \frac{\eta^+ - \eta^-}{n-1}$$

则

$$\eta_i = \eta^+ - \Delta\eta(i-1) = \eta^+ - \frac{\eta^+ - \eta^-}{n-1}(i-1)$$

其排序选择概率为

$$p_i = \frac{1}{n}\left[\eta^+ - (\eta^+ - \eta^-)\frac{i-1}{n-1}\right], \quad i = 1, 2, \cdots, n \qquad (5.38)$$

式中, i 为个体排序序号。

根据公式 $\sum_{i=1}^{n} \eta_i = n$, 得 $\eta^+ + \eta^- = 2$, 要求 p_i 和 η^- 非大于等于 0, 所以 $1 \leqslant \eta^+ \leqslant 2$。

当 $\eta^+ = 2, \eta^- = 0$ 时, 则最差个体在下一代中生存的期望数量为 0, 群体选择压力为最大; 当 $\eta^+ = \eta^- = 1$ 时, 则选择方式全部按照均匀分布随机选择, 群体选择压力为最小。

4) 锦标赛选择

锦标赛选择是首先从种群中随机地挑选出一定数目 (t) 的个体, 然后再从挑选出来的个体中进一步选出适应度最高的个体作为父个体, 并且遗传到下一代, 重复以上过程, 即可完成个体的选择。竞赛规模 t 的取值范围为 $[2, N]$。该方法的特点是, 个体适应度取值或正或负, 没有特殊要求, 只选择那些最优个体, 而淘汰那些最差个体。

2. 交叉

交叉是指对相互配对的两个父辈染色体的部分基因按照某一特定方式进行相互替换并且重新组合, 从而将已有的优良基因遗传给下一代, 并生成更加复杂基因结构的新个体。交叉是遗传算法的关键, 它对遗传算法搜索能力的影响是非常大的[23-27]。为了得到新的优良个体, 需要保证交叉操作对个体编码串中的优良模式不能有太多的破坏, 并且能够将上一代中优秀个体的性状有效地遗传到下一代新个体中。常用的交叉的方法有以下几种:

1) 一点交叉

一点交叉是在随机产生的两个个体的编码串中只随机地设置一个交叉点, 在该点处按照交叉概率来相互交换两个配对个体的部分染色体, 以产生两个新的个体。下面对两个含有 13 位基因的父代个体进行一点交叉:

> 父代个体 1　　1 0 0 1 1 0 1 0 1 1 0 1 0
> 父代个体 2　　0 1 0 0 1 0 1 1 0 1 1 0 1

若交叉点位置为 7, 则交叉后生成的两个子代个体如下:

> 子代个体 1　　1 0 0 1 1 0 1 1 0 1 1 0 1
> 子代个体 2　　0 1 0 0 1 0 1 0 1 1 0 1 0

一点交叉的特点是: 如果相邻的连接基因座之间的关系能够提供比较优秀的个体性状和比较高的个体适应度值, 那么一点交叉操作破坏个体性状以及降低个体适应度值的可能性最小。然而, 交叉点位置选择的随机性会带来较大的偏差, 无法有效地进行长距模式的保留和重组, 染色体位串末尾的重要基因每次交叉都要被交换, 导致生成有效模式的概率比较小, 因此无法有效地抑制遗传算法的早熟现象。

2) 两点交叉及多点交叉

两点交叉是首先随机选择两个配对的个体编码串, 在两个个体编码串中随机地设置两个交叉点的位置, 然后将两个交叉点之间的部分染色体进行交换。下面对两个含有 10 位基因的父代个体进行两点交叉:

$$\text{父代个体 1} \quad 1\ 0\ 1\ 1\ 0\ 1\ 1\ 0\ 1\ 0$$
$$\text{父代个体 2} \quad 0\ 1\ 1\ 0\ 1\ 1\ 0\ 1\ 0\ 1$$

若交叉点的位置为 4 和 7, 则交叉后生成的两个子代个体如下:

$$\text{子代个体 1} \quad 1\ 0\ 1\ 1\ 1\ 1\ 0\ 0\ 1\ 0$$
$$\text{子代个体 2} \quad 0\ 1\ 1\ 0\ 0\ 1\ 1\ 1\ 0\ 1$$

对一点交叉方法和两点交叉方法进行拓展, 即可得到多点交叉方法。下面对两个含有 10 位基因的父代个体进行多点交叉:

$$\text{父代个体 1} \quad 1\ 0\ 1\ 1|\ 0\ 1|\ 1\ 0|\ 1\ 0$$
$$\text{父代个体 2} \quad 1\ 0\ 1\ 0|\ 1\ 1|\ 0\ 1|\ 0\ 1$$

交叉后生成的两个子代个体如下:

$$\text{子代个体 1} \quad 1\ 0\ 1\ 1|\ 1\ 1|\ 1\ 0|\ 0\ 1$$
$$\text{子代个体 2} \quad 1\ 0\ 1\ 0|\ 0\ 1|\ 0\ 1|\ 1\ 0$$

在实际应用中, 随着交叉点数目的增多, 多点交叉对个体结构的破坏概率会增大, 一些好的模式很难得到保存, 从而影响遗传算法的性能, 因此在使用该方法时需慎重。

3) 一致交叉

一致交叉是指两个配对染色体的每一个基因座上的基因按照相同的交叉概率进行随机地均匀交换, 形成两个新的个体。设配对染色体为 A、B, 经过一致交叉重组后的新个体为 A'、B', 交叉操作的步骤如下:

(1) 随机地产生一个与个体编码串的长度相等的屏蔽字 $M = m_1 m_2 \cdots m_i \cdots m_n$, 其中 n 为染色体编码长度;

(2) 当 $m_i = 0$ 时, A' 在第 i 个基因座上的基因值将会继承与 A 相对应的基因值, B' 在第 i 个基因座上的基因值将会继承与 B 相对应的基因值;

(3) 当 $m_i = 1$ 时, A' 在第 i 个基因座上的基因值将会继承与 B 相对应的基因值, B' 在第 i 个基因座上的基因值将会继承与 A 相对应的基因值。

该类型交叉不会引起位置偏差, 可使任意基因座上的重要基因都能够在一致交叉作用下进行重新组合, 从而遗传给下一代的子个体。因此, 该类型交叉比多点交叉优越。

4) 算术交叉

算术交叉是指两个个体按照线性组合而产生出两个新的个体。为了能够保证线性组合运算, 其操作对象应该用由浮点数编码。

假设在两个个体 $X(t)$、$Y(t)$ 之间运用算术交叉进行运算, 那么两个个体经过交叉后所产生的新个体为

$$X(t+1) = \alpha X(t) + (1-\alpha)X(t) \tag{5.39}$$
$$Y(t+1) = \alpha Y(t) + (1-\alpha)Y(t) \tag{5.40}$$

式中, α 为算术交叉参数。如果 α 是一个常数, 那么该交叉运算就称为均匀算术交叉; 如果 α 是一个根据进化代数而变化的量, 那么该交叉运算就称为非均匀算术交叉。

3. 变异

变异是模拟自然界中生物体进化过程中, 如果染色体上的某个基因发生了突变, 就会改变染色体的结构和物理性状。实际操作时, 将个体染色体编码串某些基因座上的基因值用该基因座上的其他等位基因来替换。为了解决各种不同的应用问题, 出现了不同的变异算子, 主要有:

(1) 基本位变异。在染色体编码串中, 按照设定好的变异概率随机指定到一位或者多位基因座上, 对其基因值进行变异计算。基本位变异只是改变了染色体编码串中的一位或者多位基因座上的基因值, 并且发生变异的概率也比较小, 所以效果并不明显。

(2) 均匀变异。在某一范围内, 利用符合要求的均匀分布的随机数, 按照某一较小的概率替代染色体编码串上被指定为变异点的各基因座上原有的基因值。其方法如下:

设一染色体个体 $X = x_1 x_2 \cdots x_i \cdots x_n$ 中 x_i 为变异点的基因, 其取值范围为 $[H_{min}^i, H_{max}^i]$, 对该点进行均匀变异操作, 即得到一个新的个体 $X = x_1 x_2 \cdots x_i' \cdots x_n$。在该个体中, 变异点的新基因值为

$$x_i' = H_{min}^i + \gamma \cdot (H_{max}^i - H_{min}^i) \tag{5.41}$$

式中, γ 为 $[0,1]$ 范围内符合均匀概率分布的随机数。

该变异操作适合于遗传算法的初期阶段, 它可以使搜索点在整个搜索的空间内自由地移动, 使群体的多样性和算法处理模式的多样性得到保证, 但是不利于对某一重点区域的局部搜索, 为此下面给出非均匀变异法。

(3) 非均匀变异。非均匀变异是先对原有基因座上的基因值按照某一概率进行随机扰动, 并且利用扰动后的结果作为新的变异基因值, 再按照相同的概率对每一个基因座进行变异运算, 这就相当于在解空间内对整个解向量作了一次轻微变动, 从而可以对原个体附近的微小区域进行重点搜索, 从而提高遗传算法的局部搜索能力。在与均匀变异假设相同的条件下, 非均匀变异产生的新基因值为

$$x'_k = \begin{cases} x_i + \lambda(t, H^i_{\max} - \nu_i), & \text{if random } (0,1) = 0 \\ x_i - \lambda(t, \nu_i - H^i_{\min}), & \text{if random } (0,1) = 1 \end{cases} \tag{5.42}$$

式中, $\lambda(t, y)$ 为 $[0, y]$ 区间内一个符合非均匀分布的随机数, 随着进化代次数的增加, 它接近于 0 的概率增大, y 为 $H^i_{\max} - \nu_i$ 和 $\nu_i - H^i_{\min}$。

在初始运行阶段, 非均匀变异能够在整个解的空间内进行均匀地随机搜索, 但是在后期就会转变为局部搜索, 所以非均匀变异产生的新基因值会比均匀变异产生的新基因值更接近于原基因值, 非均匀变异能够有效地搜索最优解, 比较快地将搜索范围集中到某个最有希望的重点区域。

(4) 高斯变异。当利用高斯法进行变异时, 取一个随机数 (符合均值为 μ, 方差为 σ^2 的正态分布) 来替代原有的基因值, 以增强遗传算法对重点区域进行局部搜索的能力。

假设有 10 个均匀分布在 $[0, 1]$ 范围内的随机数 $\eta_i (i = 1, 2, \cdots, 10)$, 其中符合 $N(\mu, \sigma^2)$ 正态分布的一个随机数 Q 为

$$Q = \mu + \sigma \left(\sum_{i=1}^{10} \eta_i - 6 \right) \tag{5.43}$$

在染色体个体 $X = x_1 x_2 \cdots x_i \cdots x_n$ 变异为 $X = x_1 x_2 \cdots x'_i \cdots x_n$ 过程中, 变异点 x_i 的基因取值范围为 $[H^i_{\min}, H^i_{\max}]$, 设

$$\mu = \frac{H^i_{\min} + H^i_{\max}}{2} \tag{5.44}$$

$$\sigma = \frac{H^i_{\max} - H^i_{\min}}{5} \tag{5.45}$$

那么新基因值 x'_i 可根据下式确定:

$$x'_i = \frac{H^i_{\min} + H^i_{\max}}{2} + \frac{H^i_{\max} - H^i_{\min}}{5} \left(\sum_{i=1}^{10} \eta_i - 5 \right) \tag{5.46}$$

在交叉操作时, 如果后代个体的适应度无法进一步提高, 而重组的后代又不能满足全局最优解要求, 将会发生早熟收敛。如果这时引入变异算子, 就会产生很好的效果, 其主要原因是: ① 变异算子在一定程度上能够恢复群体进化过程中所丢失的等位基因信息, 保持群体的多样性, 从而防止遗传搜索发生早熟收敛; ② 在规模

比较大的种群中,引入适度的变异会进一步提高遗传算法的局部搜索效率。为了确保种群稳定发展,避免变异后父代和子代之间产生过大的差异,一般取较小的变异概率值,而如果取的概率值过大,就会使遗传算法退化为随机搜索。

将选择、交叉和变异 3 种遗传算法的操作算子相结合,既可保证遗传算法种群的多样性,又能使其具有局部搜索的能力,从而防止遗传算法出现早熟收敛。

5.2.1.4 遗传算法的控制参数

在遗传算法运行的过程中,需要合理地选择控制参数,从而按照最佳的搜索轨迹达到最优解。其参数主要包括染色体位串长度 L、群体规模 M、交叉概率 p_c、变异概率 p_m 以及终止代数 T。

(1) 染色体位串长度 L:染色体位串长度 L 决定了特定问题解的精度。特定问题的求解精度越高,位串就越长,计算时间也会越长。为了减少计算时所需要的时间,提高运算过程的效率,在当前所能达到的较小可行域内可进行重新编码,称为变长度位串法,该方法具有良好的性能。

(2) 群体规模 M:群体规模是指在群体中包含的个体的数量。如果群体规模很小,则遗传算法搜索空间的分布范围就会受到限制,导致早熟收敛;如果群体规模很大,群体中个体多样性就会越强,使遗传算法的搜索质量得以改进,陷入局部最优解的概率就会越小,但是群体规模越大,对适应度评价的计算次数就会越多,直接影响遗传算法的计算效率。一般情况下 $M = 20 \sim 200$。

(3) 交叉概率 p_c:在遗传算法的每一代新的群体中,需要对 $p_c \times M$ 个染色体个体进行交叉操作,这是新个体产生的主要途径,通常交叉概率值取得比较大。但是,交叉概率值不能太大,太大会导致群体中新结构的过快引入,致使已经获得的优良基因结构的丢失速度加快,群体中的优良模式就会遭到破坏;如果交叉概率太低,就会使搜索受到阻滞。交叉概率一般为 $p_c = 0.4 \sim 1.0$。

(4) 变异概率 p_m:变异操作是保持群体多样性的有效手段之一,当交叉运算过程结束以后,在种群中所有个体位串上的每个等位基因都将依照变异率 p_m 随机地改变,在每一代遗传操作过程中发生的变异次数大约为 $p_m \times M \times L$。如果变异概率值较大,就会产生较多的新个体,但是优良模式遭到破坏的概率也会变大,使遗传算法与随机搜索算法的性能近似;如果变异概率值取得很小,遗传算法产生新个体的能力与抑制早熟现象的能力就会变得比较差。变异概率一般为 $p_m = 0.005 \sim 0.01$。

(5) 终止代数 T:当遗传算法运行到指定的代数后就会停止,并且将当前群体中所获得的最佳个体作为所求问题的全局最优解。终止代数一般为 $T = 100 \sim 1\,000$。对于遗传算法的终止条件,要根据某一准则进行判定,如果群体已进化成熟而且不再有进化趋势时,即可终止遗传算法的运行。通常有以下两种判定准则[18]:

(a) 在连续几代个体中,要求平均适应度值的差异小于某一个极小阈值;

(b) 在群体中, 要求所有个体适应度值的均方差值小于某一个极小阈值。

以上控制参数与求解问题的类型是密切关联的。求解问题的目标函数如果越复杂, 在选择遗传算法的控制参数时就会越困难。

5.2.2 遗传算法的基本步骤

1. 遗传算法运行的基本步骤

(1) 编码: 将个体的表现型转化成为个体的基因型。在遗传算法运算之前, 将解空间中的解数据首先转换为遗传空间中的基因型编码串的结构数据, 再利用这些基因型编码串数据的不同组合构成不同的个体。

(2) 初始群体生成: 在随机生成的 N 个初始编码串中, 每一个编码串就代表一个个体, 这样由 N 个个体构成一个群体。遗传算法就是利用这 N 个编码串作为初始点来进行迭代的。这里设置进化代数计数器 $T \longleftarrow 0$ 与最大进化代数 T, 并以随机生成的 M 个个体作为初始群体 $P(0)$。

(3) 个体适应度值计算: 适应度函数显示了个体或者解的优劣性能。如果问题不相同, 那么适应度函数的定义方式也会不同, 可根据具体问题计算出群体 $P(t)$ 中每一个个体的适应度值。

(4) 遗传操作: 将选择、交叉和变异 3 个算子作用于群体 $P(t)$ 后, 即可得到下一代群体 $P(t+1)$。

(5) 迭代终止的条件判断: 如果 $t \leqslant T$, 那么 $t \longleftarrow t+1$, 就转移到步骤 (2); 如果 $t > T$, 那么将进化中得到的具有最大适应度值的个体作为最优解输出, 并终止运算。

2. 遗传算法的基本流程图

图 5.4 为遗传算法的基本流程图。

5.2.3 遗传算法的仿真

为了验证遗传算法具有全局搜索的能力, 以下式为例寻找全局最大值:

$$f(x_1, x_2) = 0.5 - \frac{\sin^2\left(\sqrt{x_1^2 + x_2^2}\right) - 0.5}{\left[1 + 0.001(x_1^2 + x_2^2)\right]^2}$$

式中, x_1、x_2 的取值范围为 $[-10, 10]$。

图 5.5 为该函数的图像, 图 5.6 为函数的等高线。从上述两个图中可以看出, 该函数具有无数个局部极大值点, 并且它的最大值点是在极值点 $(0,0)$ 处。

选择目标函数 $f(x_1, x_2)$ 作为遗传算法的适应度函数, 采用锦标赛选择、两点交叉和非均匀变异操作算子, 并设定种群规模为 30, 变异概率为 0.01, 交叉概率

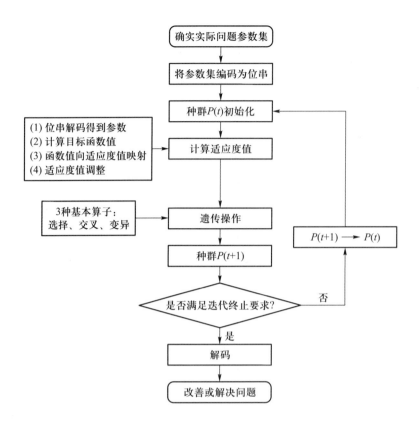

图 5.4 遗传算法的基本流程图

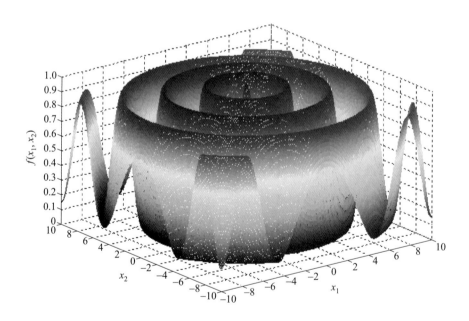

图 5.5 函数图像 (参见书后彩图)

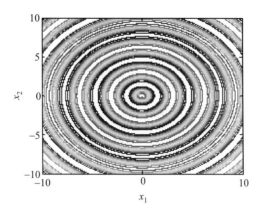

图 5.6 函数等高线 (参见书后彩图)

0.7, 迭代 50 次。通过计算, 得到了最优解和种群均值的变化曲线, 如图 5.7 所示。由图可知, 种群进化到第 9 代以后, 最佳解的适应度值在 $0.95 \sim 1$ 之间趋于稳定, 达到收敛, 由此找到全局最优解: $x = 0.000, y = 0.000, z = 1$。上述结果表明, 遗传算法能够越过各局部极值点, 最终搜索到函数的全局最优解。

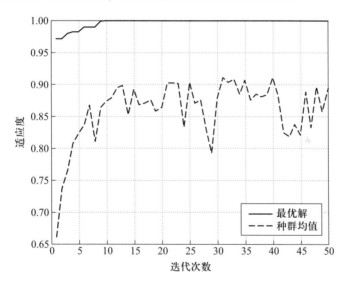

图 5.7 最优解和种群均值的变化曲线

若以 BP 神经网络算法对该算例进行求解, 不仅找不到函数的最大值点, 而且很容易陷入局部极小值点, 为此我们将遗传算法引入 BP 神经网络, 以弥补其不足之处。

5.3　旋转机械的 FastICA 遗传神经网络算法

5.3.1　FastICA 遗传神经网络算法原理

结合第 4 章的 FastICA 分离算法, 本章提出基于 FastICA 的遗传神经网络算法[1]。该算法首先应用 FastICA 分离算法对带噪声的旋转机械混合信号 $s(t)$ 进行估计, 得到完全分离的源信号的多个独立分量估计 $\hat{s}(t)$; 其次用遗传算法对 BP 神经网络的权值和阈值进行优化[28-32], 得到优化的 BP 神经网络; 最后将经过 FastICA 分离得到的多个独立分量估计 $\hat{s}(t)$ 的归一化能量作为遗传神经网络的输入, 用于优化的 BP 神经网络的训练和预测。该方法能够保证训练过程的全局收敛, 提高故障的识别能力和精度。图 5.8 为 FastICA 遗传神经网络算法原理图。

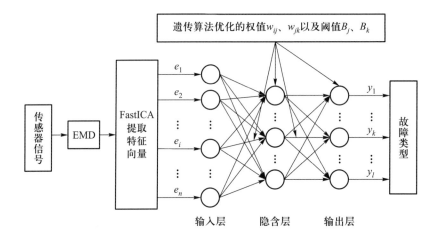

图 5.8　FastICA 遗传神经网络算法原理图

5.3.2　源信号各独立分量估计

每个独立分量估计 $\hat{s}(t)$ 含有一定的信息, 分别代表了一组特征尺度下的平稳信号, 而且占有相应的能量, 而各独立分量估计 $\hat{s}(t)$ 能量的变化可以表征旋转机械异常情况下的故障特征。基于各独立分量估计 $\hat{s}(t)$ 能量的特征向量提取如下:

(1) 对原始旋转机械振动信号进行 Fast ICA 分离, 选取包含主要故障信息的 N 个独立分量估计 $\hat{s}(t)$。

(2) 求出旋转机械振动信号的各个独立分量估计 $\hat{s}(t)$ 的总能量

$$E_i = \int_{-\infty}^{\infty} |\hat{s}_{ni}(t)|^2 \, \mathrm{d}t, \quad i = 1, 2, 3, \cdots, N \tag{5.47}$$

(3) 以每一个独立分量估计 $\hat{s}(t)$ 的总能量 E_i 作为元素, 构造一个特征向量

$$\boldsymbol{T} = [E_1, E_2, E_3, \cdots, E_N] \tag{5.48}$$

由于以能量作为元素, 其数值比较大, 在后续处理和分析过程中比较困难, 因此要对特征向量 $\boldsymbol{T}$ 进行归一化处理。令

$$E = \left(\sum_{i=1}^{N} |E_i|^2 \right)^{1/2}$$

归一化的特征向量为

$$\boldsymbol{T}' = \left[\frac{E_1}{E} \frac{E_2}{E} \frac{E_3}{E} \cdots \frac{E_k}{E} \cdots \frac{E_N}{E} \right] \tag{5.49}$$

5.3.3 遗传算法优化 BP 神经网络流程

从 BP 神经网络的权值和阈值的初始值进行优化, 使得优化后的 BP 神经网络的预测误差达到全局最小值, 这不仅提高了网络自身的预测精度, 也大大地缩短了网络的训练时间。采用遗传算法优化 BP 神经网络的主要过程包括种群个体的初始化、适应度函数确定、个体编码串间的选择、交叉和变异操作等。其具体优化流程如图 5.9 所示。

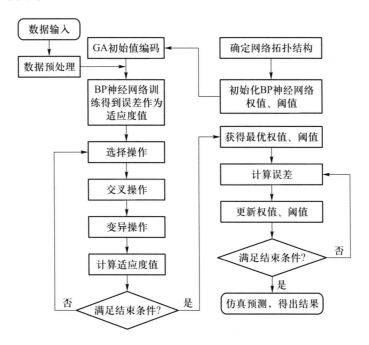

图 5.9 遗传算法优化 BP 神经网络流程图

5.3.4 旋转机械的 FastICA 遗传神经网络算法

5.3.4.1 遗传神经网络算法与 BP 神经网络算法比较

本节以某汽轮机的故障诊断为例, 对遗传算法优化的 BP 神经网络算法 (遗传神经网络算法) 与 BP 神经网络算法进行比较。该汽轮机的故障主要包括不平衡、轴承座松动、不对中、摩擦等 10 类振动故障类型, 表 5.1 为其不同频率段上频谱的谱峰能量值。

表 5.1　汽轮机振动故障类型和谱峰能量

故障类型	$(0.01 \sim 0.39)f$	$(0.40 \sim 0.49)f$	$0.50f$	$(0.51 \sim 0.99)f$	$1.0f$	$2.0f$	$(3 \sim 5)f$ 奇数倍	$f > 5f$
不平衡	0.000	0.000	0.000	0.000	0.890	0.490	0.490	0.000	0.000
气动力偶	0.000	0.300	0.100	0.590	0.000	0.000	0.000	0.000	0.100
不对中	0.000	0.000	0.000	0.000	0.400	0.490	0.100	0.000	0.000
油膜涡动	0.100	0.810	0.100	0.000	0.000	0.000	0.000	0.000	0.000
转子径向碰磨	0.100	0.100	0.100	0.100	0.020	0.100	0.100	0.100	0.100
共生松动故障	0.000	0.000	0.000	0.000	0.200	0.140	0.400	0.000	0.250
推力轴承损坏	0.000	0.000	0.100	0.910	0.000	0.000	0.000	0.000	0.000
蒸汽涡动	0.000	0.310	0.100	0.610	0.000	0.000	0.000	0.000	0.000
轴承座松动	0.910	0.000	0.000	0.000	0.000	0.000	0.000	0.100	0.000
不等轴承	0.000	0.310	0.000	0.000	0.000	0.790	0.190	0.000	0.000

将汽轮机的故障征兆与故障类型分别作为遗传神经网络和 BP 神经网络的输入和输出, 其中输入量为能量特征向量。构建故障诊断的遗传神经网络, 其输出值范围定为 $[0, 1]$, 输出值越大, 表明出现该类型故障的可能性越大。在样本中对应的实际目标模式的神经元输出为 1, 其他神经元输出为 0, 表 5.2 为网络训练的目标输出样本。运算中采用了 3 层神经网络模型, 结构为 9-15-10, 即 9 个输入层神经元对应 9 个不同频率特征量, 隐含层神经元个数为 15, 输出层神经元个数为 10, 对应表

表 5.2　目标输出样本

故障类型	1	2	3	4	5	6	7	8	9	10
不平衡	1.000	0.000	0.000	0.000	0.000	0.000	0.000	0.000	0.000	0.000
气动力偶	0.000	1.000	0.000	0.000	0.000	0.000	0.000	0.000	0.000	0.000
不对中	0.000	0.000	1.000	0.000	0.000	0.000	0.000	0.000	0.000	0.000
油膜涡动	0.000	0.000	0.000	1.000	0.000	0.000	0.000	0.000	0.000	0.000
转子径向碰磨	0.000	0.000	0.000	0.000	1.000	0.000	0.000	0.000	0.000	0.000
共生松动故障	0.000	0.000	0.000	0.000	0.000	1.000	0.000	0.000	0.000	0.000
推力轴承损坏	0.000	0.000	0.000	0.000	0.000	0.000	1.000	0.000	0.000	0.000
蒸汽涡动	0.000	0.000	0.000	0.000	0.000	0.000	0.000	1.000	0.000	0.000
轴承座松动	0.000	0.000	0.000	0.000	0.000	0.000	0.000	0.000	1.000	0.000
不等轴承	0.000	0.000	0.000	0.000	0.000	0.000	0.000	0.000	0.000	1.000

5.2 中的 10 种故障概率。权值和阈值的取值范围设定为 $[-1,1]$，遗传迭代次数为
30，种群规模为 40，并且将权值和阈值转换为二进制，以达到缩短遗传算法寻找全
局最优值时间的目的。BP 神经网络中设定的训练误差为 10^{-4}，遗传神经网络中设
定的训练误差为 10^{-5}。

在遗传神经网络中，应用遗传算法寻找全局最优的权值和阈值，其过程如下：

(1) 根据 BP 神经网络结构建立包含神经网络权值和阈值的编码串，并且确定
BP 神经网络的每个权值和阈值的二进制位数。

(2) 将第一代中的各个编码串解码，并将对应的权值和阈值赋值给 BP 神经网
络，然后输入训练样本和期望输出值。当网络训练完成后，采用部分样本进行预测，
获得预测样本输出值与相对应的期望值的差值，再将差值的绝对值求和，得到第一
代总误差。

同时，利用遗传算法进行计算，以适应度值作为驱动力进行迭代，从本次优化得
到的适应度值中选取最小的误差值，作为最佳适应度值，再经过选择、交叉和变异
等遗传操作，产生第二代编码串，并记录第一代误差的最小绝对值之和。重复以上
过程，遗传算法运行的每一代都对应着一个误差的最小绝对值之和。

(3) 找出误差绝对值之和最小的编码串，该编码串对应的权值和阈值能够使
BP 神经网络克服局部收敛的不足。

通过以上过程，可以得到遗传算法优化的误差最小的 BP 神经网络的权值和
阈值。

图 5.10 所示为遗传神经网络的最优解和种群均值的变化情况。其中，实线表

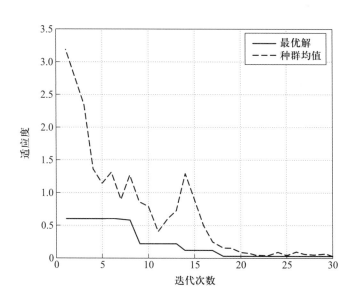

图 5.10 遗传神经网络最优解和种群均值的变化曲线

示种群在寻找 BP 神经网络的最优初始权值和阈值时, 每一代中最优解的适应度的变化情况, 当遗传进化迭代到第 17 代时, 找到了全局最优解; 虚线表示遗传算法在寻找最优值的过程中, 每一代种群适应度平均值的变化情况。

图 5.11 为 BP 神经网络的训练过程, 其横坐标为训练步数, 纵坐标为训练均方误差。由该图可知, 达到设定训练目标误差 10^{-4} 时需要 29 步。

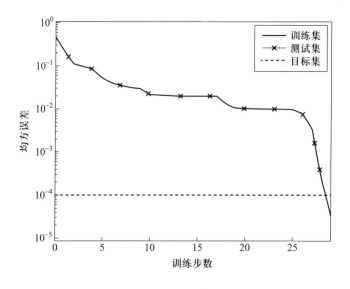

图 5.11　BP 神经网络的训练过程

图 5.12 为遗传神经网络的训练过程, 由于预先采用遗传算法优化了初始阈值与权值, 训练结果达到设定训练目标误差 10^{-5} 时仅需 16 步, 收敛速度明显加快。

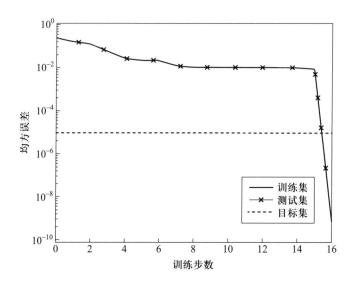

图 5.12　遗传神经网络的训练过程

遗传神经网络训练曲线没有出现波动，不存在局部误差的跳跃，完全基于全局误差调整过程，这表明遗传神经网络克服了 BP 神经网络易陷入局部极小值的缺陷。

表 5.3 为 10 个样本经未优化的 BP 神经网络实际预测的输出值，表 5.4 为 10 个样本经遗传神经网络实际预测的输出值，对比表 5.3 与表 5.4，遗传算法优化后的神经网络的实际输出值要优于未优化的实际预测输出值。例如，表 5.3 中的不平衡和气动力偶在优化前分别为 0.996 8 和 0.996 9，经遗传算法优化后变为 0.999 9 和 0.999 8，可以看出，精度得到了提高。表 5.5 为遗传神经网络和 BP 神经网络两种算法在收敛次数、全局极小值、局部极小值和精度方面的比较。

表 5.3 BP 神经网络样本实际预测输出

故障类型	1	2	3	4	5	6	7	8	9	10
不平衡	0.996 8	0.000 0	0.013 1	0.000 0	0.000 0	0.000 1	0.000 0	0.000 0	0.000 1	0.000 0
气动力偶	0.000 0	0.996 9	0.000 0	0.000 0	0.000 2	0.001 9	0.000 0	0.000 4	0.000 0	0.000 0
不对中	0.013 4	0.000 0	0.989 4	0.000 2	0.000 0	0.000 0	0.000 0	0.000 0	0.001 6	0.004 0
油膜涡动	0.000 0	0.000 1	0.000 0	0.998 8	0.000 0	0.000 0	0.000 0	0.000 2	0.001 4	0.000 0
转子径向碰磨	0.000 0	0.000 2	0.000 1	0.000 2	0.998 4	0.000 7	0.001 4	0.000 0	0.000 3	0.000 0
共生松动故障	0.000 0	0.000 0	0.000 0	0.000 0	0.000 1	0.999 8	0.000 0	0.000 0	0.000 1	0.000 0
推力轴承损坏	0.000 7	0.000 0	0.000 0	0.000 0	0.000 2	0.000 0	0.998 9	0.000 5	0.000 0	0.000 5
蒸汽涡动	0.000 0	0.003 2	0.000 0	0.000 0	0.000 0	0.000 0	0.001 8	0.999 8	0.000 0	0.000 1
轴承座松动	0.000 0	0.000 0	0.000 0	0.000 0	0.000 0	0.000 0	0.000 6	0.000 0	0.999 8	0.000 0
不等轴承	0.044 5	0.000 0	0.030 1	0.000 0	0.000 0	0.000 0	0.000 1	0.000 0	0.000 0	0.998 9

表 5.4 遗传神经网络样本实际预测输出

故障类型	1	2	3	4	5	6	7	8	9	10
不平衡	0.999 9	0.000 0	0.001 5	0.000 0	0.000 0	0.000 3	0.000 0	0.000 1	0.000 1	0.000 0
气动力偶	0.000 0	0.999 8	0.000 0	0.000 1	0.000 0	0.000 1	0.000 1	0.000 1	0.000 1	0.000 1
不对中	0.000 2	0.000 9	1.000 0	0.000 0	0.000 0	0.000 0	0.000 2	0.000 0	0.000 0	0.001 2
油膜涡动	0.000 0	0.000 0	0.000 0	0.999 9	0.000 0	0.000 0	0.000 0	0.000 1	1.000 0	0.000 1
转子径向碰磨	0.000 1	0.000 0	0.000 0	0.000 2	0.999 9	0.000 0	0.000 1	0.000 0	1.000 0	0.000 2
共生松动故障	0.000 1	0.000 1	0.000 2	0.000 0	0.000 0	0.999 8	0.000 0	0.000 0	0.000 1	0.000 0
推力轴承损坏	0.000 0	0.000 0	0.000 1	0.000 0	0.000 0	0.000 0	0.999 8	0.000 0	0.000 1	0.000 0
蒸汽涡动	0.000 0	0.000 4	0.000 1	0.001 6	0.000 2	0.000 0	0.001 1	0.998 9	0.000 3	0.000 0
轴承座松动	0.000 0	0.000 0	0.000 1	0.000 0	0.000 0	0.000 0	0.000 1	0.000 1	0.999 9	0.000 4
不等轴承	0.000 0	0.000 0	0.000 0	0.000 1	0.000 0	0.000 0	0.000 0	0.000 0	0.000 0	0.999 8

表 5.5 两种算法训练结果对比

训练参数	BP 网络	遗传神经网络
收敛次数	29	16
全局极小值	无	有
局部极小值	有	无
精度 (平均误差)	低 (0.001 4)	高 (0.000 14)

可以看出, 遗传神经网络的寻优能力和收敛速度都比 BP 神经网络有较大的改善。遗传神经网络算法不仅保留了适应度高的个体, 而且保证了种群的个体多样性, 有效地改善了未成熟收敛现象, 使整体性能得到优化, 所以在旋转机械故障诊断中该算法的实际效果优于 BP 神经网络的。

5.3.4.2　旋转机械 FastICA 遗传神经网络算法故障诊断

本节对海化集团盛兴热电厂供暖双吸式离心水泵的滚动轴承的故障信号进行采集, 如图 5.13 所示。滚动轴承采用 6312 型号, 其转速为 1 480 r/min, 由 TL 中型高压三相异步电动机 (Y450-4) 驱动, 在滚动轴承轴向安装一个压电式加速度传感器, 型号为 DH131, 径向安装 3 个压电式加速度传感器, 分别在滚动轴承的上部和两侧, 型号为 DH187。该采集系统的线性度为满量程的 0.05%, 失真度不大于 0.5%, 系统准确度小于 0.5% (即相对误差小于满量程的 0.5%); 滤波器的共模抑制大于 100 dB, 在分析频率范围内平坦度小于 0.05 dB; 采样频率设定为 3 000 Hz, 故障类型主要是轴承外圈、内圈、滚动体故障。

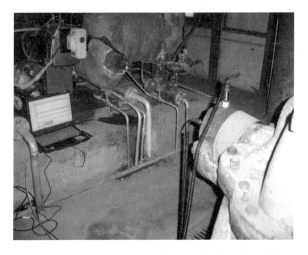

图 5.13　双吸式离心水泵轴承实验 (参见书后彩图)

对滚动轴承外圈故障、内圈故障以及滚动体故障振动信号数据进行小波降噪, 并应用 FastICA 算法求出每个独立分量估计的能量, 计算出部分样本, 并将该数据作为遗传神经网络的训练样本, 如表 5.6 所示。

表 5.6　轴承故障的训练样本

故障类型	E1	E2	E3	E4	E5	E6	E7	E8	E9
正常	0.137 7	0.179 1	0.087 8	0.214 2	0.042 6	0.089 7	0.085 1	0.059 7	0.068 8
外圈故障	0.099 4	0.157 8	0.180 2	0.247 0	0.122 1	0.095 1	0.050 6	0.022 7	0.017 4
滚动体故障	0.258 9	0.200 4	0.048 7	0.005 4	0.022 4	0.006 5	0.089 3	0.230 3	0.086 2
内圈故障	0.151 4	0.248 1	0.082 4	0.035 5	0.032 4	0.033 4	0.037 9	0.151 5	0.090 6

根据故障类型的数量和遗传神经网络, 确定隐含的节点数, 这里将遗传神经网络的结构设为 9-5-4, 定义权值、阈值的取值范围为 $[-1, 1]$, 并将其转换为二进制, 以达到缩短遗传算法寻找全局最优值时间的目的。定义遗传算法的种群规模为 20, 迭代次数为 30。图 5.14 所示为遗传算法最优解和种群均值的变化曲线。

由图 5.14 可以看出, 遗传算法在寻优过程中进化到第 24 代时, 就找到了全局最优解, 此后再进行遗传迭代, 该值不再发生变化。此时, 可以找出相对应的二进制编码串, 并通过解码转变为十进制神经网络权值和阈值; 以这些权值和阈值作为 BP 神经网络的初始值, 采用训练样本进行网络训练。设定训练步数为 100, 学习率为 0.01, 训练目标误差为 10^{-5}。遗传神经网络的训练过程如图 5.15 所示, 可知仅需要 6 步即可完成训练。

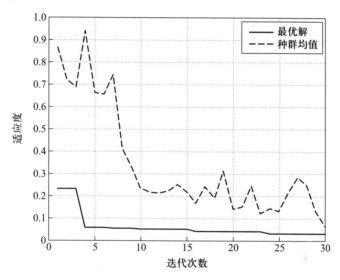

图 5.14 遗传算法最优解和种群均值的变化曲线

对训练好的网络输入预测样本, 得到的神经网络实际输出和目标输出如表 5.7 所示。

表 5.7 神经网络诊断结果

输入	实际输出				目标输出				故障类型
检验样本 1	0.998 7	0.000 5	0.000 5	0.000 7	1	0	0	0	正常
检验样本 2	0.000 2	0.996 1	0.000 4	0.000 9	0	1	0	0	外圈故障
检验样本 3	0.000 1	0.000 0	0.998 7	0.000 7	0	0	1	0	滚动体故障
检验样本 4	0.000 1	0.000 0	0.000 2	0.998 7	0	0	0	1	内圈故障

由表 5.7 可以看出, 实际输出值与目标输出值是非常接近的。对于正常的滚动轴承, 实际输出值与目标值相差 0.001 3; 对于滚动体故障, 实际输出值与目标值相差 0.003 9; 对于外圈故障, 实际输出值与目标值相差 0.001 3; 对于内圈故障, 实际输出值与目标值相差 0.001 3。4 个样本的实际输出值与目标值的误差很小, 表明该

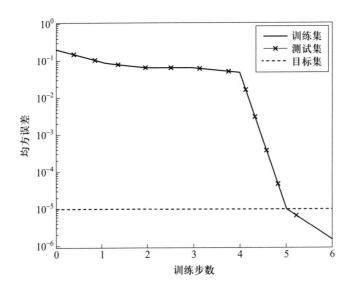

图 5.15 遗传神经网络的训练过程

网络具有较高的预测精度。所以, 将 FastICA 遗传神经网络应用于滚动轴承故障识别, 可减小误差, 加快故障诊断速度。

由上可知, FastICA 遗传神经网络算法不仅在汽轮机故障诊断中应用效果良好, 而且也适用于滚动轴承的故障识别, 因此该方法对旋转机械故障诊断具有重要的意义。

5.4 程序仿真

表 5.8 BP 神经网络数据预测

```
P=[数列];
T=[数列];
[p1,minp,maxp,t1,mint,maxt]=premnmx(P,T);
% 创建网络
net=newff(minmax(P),[8,6,1],{'tansig','tansig','purelin'},'trainlm');
% 设置训练次数
net.trainParam.epochs = 5000;
% 设置收敛误差
net.trainParam.goal=0.0000001;
% 训练网络
[net,tr]=train(net,p1,t1);
TRAINLM, Epoch 0/5000, MSE 0.533351/1e−007, Gradient 18.9079/1e−010
TRAINLM, Epoch 24/5000, MSE 8.81926e−008/1e−007, Gradient 0.0022922/1e−010
TRAINLM, Performance goal met.
```

续表

```
% 输入数据
a=[数列];
% 将输入数据归一化
a=premnmx(a);
% 放到网络输出数据
b=sim(net,a);
% 将获得的数据反归一化, 得到预测数据
c=postmnmx(b,mint,maxt);
c
c =
得出数据
```

表 5.9　BP 神经网络预测信号的将来值

```
load文件.txt;
[m,n]=size(data3_1);
tsx=data3_1(1:m−1,1);
tsx=tsx' ;
ts=data3_1(2:m,1);
ts=ts' ;
[TSX,TSXps]=mapminmax(tsx,1,2);
[TS,TSps]=mapminmax(ts,1,2);
TSX=TSX' ;
 figure;
plot(ts,' LineWidth' ,2);
title(' 标题' ),' FontSize' ,12);
xlabel(' 标题' ,' FontSize' ,12);
ylabel(' 标题' ,' FontSize' ,12);
grid   on;
net_1=newff(minmax(TS),[10,1],{' tansig' ,' purelin' },' traincgf' )
%设置训练参数
net_1.trainParam.show=50;        % 显示训练迭代过程 (NaN 表示不显示, 缺省 25)
net_1.trainParam.lr=0.025;       % 学习率 (缺省 0.01)
net_1.trainParam.mc=0.9;         % 动量因子 (缺省 0.9)
net_1.trainParam.epochs=10000;   % 最大训练次数
net_1.trainParam.goal=0.001;     % 训练要求精度
inputWeights=net_1.IW{1,1}        % 输入层权值
inputbias=net_1.b{1}              % 输入层阈值
layerWeights=net_1.LW{2,1}        % 输出层权值
layerbias=net_1.b{2}              % 输出层阈值
TS' ,TSX
% 网络训练
[net_1,tr]=train(net_1,TS,TSX);
```

表 5.10　　BP 神经网络函数逼近实例的 MATLAB 仿真程序

```
clear;
clc;
X=−1:0.1:1;
D=[数列];
figure;
plot(X,D,' *'); % 绘制原始数据分布图
net = newff([−1 1],[5 1],{' tansig' ,' tansig' });
net.trainParam.epochs = 100; % 训练的最大次数
net.trainParam.goal = 0.005; % 全局最小误差
net = train(net,X,D);
O = sim(net,X);
figure;
plot(X,D,' *' ,X,O); % 绘制训练后得到的结果和误差曲线
V = net.iw{1,1} % 输入层到中间层权值
theta1 = net.b{1} % 中间层各神经元阈值
W = net.lw{2,1} % 中间层到输出层权值
theta2 = net.b{2} % 输出层各神经元阈值
```

注: 给出 X、D 样本数据, X 为输入数据, D 为输出数据。

表 5.11　　遗传算法程序

```
clear all
clc
[x1,x2]=meshgrid(−10:.1:10);
figure(1);mesh(x1,x2,shubert(x1,x2)); % 画出 Shubert 函数图像
% 定义遗传算法参数
NIND=40;                % 个体数目 (Number of individuals)
MAXGEN=50;              % 最大遗传代数 (Maximum number of generations)
NVAR=2;                 % 变量数目
PRECI=25;               % 变量的二进制位数 (Precision of variables)
GGAP=0.9;               % 代沟 (Generation gap)
% 建立区域描述器 (Build field descriptor)
FieldD=[rep([PRECI],[1,NVAR]);rep([-10;10],[1,NVAR]);rep([1;0;1;1],[1,NVAR])];
Chrom=crtbp(NIND,        % 创建初始种群
NVAR*PRECI);
gen=0;
trace=zeros(MAXGEN, 2);  % 遗传算法性能跟踪初始值
x=bs2rv(Chrom, FieldD);  % 初始种群十进制转换
ObjV=Shubert(x(:,1),x(:,2));  % 计算初始种群的目标函数值
O=0;
while gen<MAXGEN
    [M,N]=size(x);
```

```
        d=zeros(M,1);
        P=zeros(M,1);
        [bestObjV,bestObjVindex]=min(ObjV);     % 找到最优目标的参数组合
        for i=1:1:M                              % 求其他参数组合与最优参数组合的距离
d(i)=((x(i,1)−x(bestObjVindex,1))/x(bestObjVindex,1))^2+((x(i,2)−x(bestObjVindex,2))/x
(bestObjVindex,2))^2;
        d(i)=d(i)^0.5;
        end
        D=sum(d);                                % 求其他参数组合与最优参数组合的不相似度
        O=O+D;
        for i=1:1:M
        P(i)=d(i)/D;
End
FitnV=ranking(ObjV).*(1+(2−ranking(ObjV)).*P);   % 分配适应度值 (Assign fitness values)
        FitnV=ranking(ObjV);
        SelCh=select('sus',Chrom,FitnV,GGAP);            % 选择
        SelCh=recombin('xovsp',SelCh,0.7);               % 重组
        SelCh=mut(SelCh);                                % 变异
        x=bs2rv(SelCh,FieldD);                           % 子代十进制转换
        size(x)
        ObjVSel=Shubert(x(:,1),x(:,2));
        [Chrom ObjV]=reins(Chrom,SelCh,1,1,ObjV,ObjVSel);  % 重插入
        x=bs2rv(Chrom, FieldD);
        gen=gen+1;
        [Y, I]=min(ObjV);
        Y,bs2rv(Chrom(I,:),FieldD)        % 输出每一次的最优解及其对应的自变量值
        trace(gen,1)=min(ObjV);           % 遗传算法性能跟踪
        trace(gen,2)=sum(ObjV)/length(ObjV);
        if(gen==50)                       % 迭代数为 50 时画出目标函数值分布图
        figure(2);
        plot(ObjV);hold on;
        plot(ObjV,'b*');grid;
        end
end
figure(3);clf;
plot(trace(:,1));hold on;
plot(trace(:,2),'-.');grid
legend('解的变化','种群均值的变化')
O=O/gen
gen
```

参考文献

[1] 许同乐, 侯蒙蒙, 蔡道勇, 等. FastICA 遗传神经网络算法 [J]. 北京邮电大学学报, 2014, 37(04): 25-28.

[2] Luo Ershun, Jin Dahai, Zhang Bo, et al. Execution time forecasting of automatic test case generation based on genetic algorithm and BP neural network[M]//Yuan Hanning, Geng Jing, Bian Fuling. Geo-Spatial Knowledge and Intelligence. Singapore Springer, 2018.

[3] 郭梦茹, 谭泽汉, 陈焕新, 等. 基于遗传算法和 BP 神经网络的多联机阀类故障诊断 [J]. 制冷学报, 2018, 39(02): 119-125.

[4] Funabashi K. On the approximate realization of continuous mappings by neural networks[J]. Neural Networks, 1989, 2(3): 183-192.

[5] Vegas J M, Zufiria P J. Generalized neural networks for spectral analysis: Dynamics and Liapunov functions[J]. Neural Networks, 2004, 17(2): 233-245.

[6] 张铃, 张钹. M-P 神经元模型的几何意义及其应用 [J]. 软件学报, 1998, 9(5): 334-338.

[7] 张立明. 人工神经网络的模型及其应用 [M]. 上海: 复旦大学出版社, 1994.

[8] 钟义信, 等. 智能理论与技术: 人工智能与神经网络 [M]. 北京: 人民邮电出版社, 1992.

[9] Rumelhart D E, Hinton G E, Williams R J. Learning representation by backpropagating errors[J]. Nature, 1986, 323(6088): 533-536.

[10] 张铃, 张钹. 多层前馈神经网络的综合和学习算法 [J]. 软件学报, 1997, 8(4): 252-258.

[11] 高雪鹏, 丛爽. BP 网络改进算法的性能对比研究 [J]. 控制与决策, 2001, 16(2): 168-169.

[12] 张代远. 神经网络新理论与方法 [M]. 北京: 清华大学出版社, 2006.

[13] 穆阿华, 周绍磊, 刘青志, 等. 利用遗传算法改进 BP 算法 [J]. 计算机仿真, 2005, 22(2): 150-152.

[14] 卢纯, 石秉学. 采用 BP-GA 算法的一种 LSI 神经网络的电路设计 [J]. 清华大学学报 (自然科学版), 2001, 41(1): 103-106.

[15] 王智平, 刘在德, 高成秀, 等. 遗传算法在 BP 网络权值学习中的应用 [J]. 甘肃工业大学学报, 2001, 27(2): 20-22.

[16] DeJong K A.Analysis of the behavior of a class of genetic adaptive systems[D]: Ann Arbor: Michigan University, 1975.

[17] 玄光男, 程润伟. 遗传算法与工程优化 [M]. 于歆杰, 周根贵, 译. 北京: 清华大学出版社, 2004.

[18] Liu Peng, Li Yangjunyi, Basha M D E, et al. Neural Network Evolution Using Expedited Genetic Algorithm for Medical Image Denoising[M]. Springer International Publishing: 2018.

[19] Baum E B. DNA sequences useful for computation[C]//Proceedings of the 2nd DIMACS Workshop on DNA Based Computers. Princeton University, 1996: 122-127.

[20] 杨启文, 蒋静坪. 遗传算法优化速度的改进 [J]. 软件学报, 2001, 12(2): 270-275.

[21] Andre J, Siarry P, Dognon T. An improvement of the standard genetic algorithm fighting premature convergence in continuous optimization[J]. Advances in Engineering Software, 2001, 32(1): 49-60.

[22] 李敏强, 寇纪淞, 林丹, 等. 遗传算法的基本理论与应用 [M]. 北京: 科学出版社, 2002.

[23] 陈皓, 崔杜武, 李雪, 等. 交叉点规模的优化与交叉算子性能的改进 [J]. 软件学报, 2009, 20(4): 890-901.

[24] Zhang J, Chung H S H, Lo W L. Clustering-based adaptive crossover and mutation probabilities for genetic algorithms[J]. IEEE Transactions. on Evolutionary Computation, 2007, 11(3): 326-335.

[25] Domingo O B, Cesar H M, Nicolas G P. Improving crossover operator for real-coded genetic algorithms using virtual parents[J]. Journal of Heuristics, 2007, 13(3): 265-314.

[26] Garcia-Martinez C, Lozano M, Herrera F, et al. Global and local real-coded genetic algorithms based on parent-centric crossover operators[J]. European Journal of Operational Research, 2006, 185(3): 1088-1113.

[27] 张军英, 许进, 保铮. 遗传交叉运算的可达性研究 [J]. 自动化学报, 2002, 28(1): 120-125.

[28] 许同乐, 张新义, 裴新才, 等. EMD 遗传神经网络方法 [J]. 北京邮电学报, 2012, 35(5): 68-72.

[29] Hyvrinen A, Karhunen J, Oja E. Independent Component Analysis[M]. New York: John Wiley & Sons, 2001.

[30] Belew R K, McInerney J, Schraudolph N N. Evolving networks:Using the genetic algorithm with connectionist learning[C]//Proceedings of the Second Conference on Artificial Life. CA, USA:Addison-Wesley, 1992.

[31] Wang C H, Liu H L, Lin C T. Dynamic optimal learning rates of a certain class of fuzzy neural networks and its applications with genetic algorithm[J]. IEEE Transactions on Systems, Man, and Cybernetics (Part B: Cybernetics), 2001, 31(3): 467-475.

[32] Leung F H F, Lam H, Ling S, et al. Tuning of the structure and parameters of a neural network using an improved genetic algorithm[J]. IEEE Transactions on Neural Networks, 2003, 14(1): 79-88.

第 6 章　旋转机械多传感器信息融合方法

在旋转机械故障诊断中,多传感器系统采集的各传感器信息是在同一环境下对某一旋转机械相同或不同侧面的相关信息,各种信息之间存在着必然的联系。由于这些信息在时间、空间、可信度和表达方式上各不相同,各自的侧重点与用途也不完全相同,因此对信息处理和管理方面的要求是不同的。如果孤立地考虑各传感器所采集的信息,则会割断这些信息的内在联系,可能丢失蕴含的相关信息特征,浪费信息资源,只有通过多传感器的信息融合才能有效地解决这一问题。

6.1　多传感器信息融合基本原理和层次结构

6.1.1　多传感器信息融合基本原理

对于单个传感器来说,获取的信息是片面的,提取的是局部的状态特征,信息量有限,并且受传感器自身品质、性能的影响,所采集到的信息大多数是不完整的,并且带有许多不确定性,有的甚至是错误的。而对于多传感器,可以利用信息融合技术对其采集的信息进行处理,通过去伪存真,获取有用的信息,从而全面、多角度地掌握被测系统的状态特征。

多传感器信息融合[1]是充分利用多个传感器获取的信息扩展系统检测覆盖范围,通过对这些传感器和所观测到的故障信息进行合理地支配与使用,将多个传感器冗余或者互补信息按照某一种准则进行组合,以获取与被测对象相一致的描述或解释,使该信息系统的性能比其各组成部分的子集所构成的系统的性能更加优越[2]。传感器之间的冗余数据可使系统的可靠性得到增强,当一个或多个传感器失效或出现错误时,系统仍然可以继续工作。传感器之间的互补数据增强了单个传感器的性能,能够获得独立的特征信息,可以根据系统的先验知识,通过信息融合技术处理完成分类、识别、决策等任务。概括地说,多传感器信息融合技术就是利用多个传感器能够共同或者联合操作的优势,提高系统的有效性。

6.1.2 多传感器信息融合层次结构

多传感器信息融合系统按照层次结构可分为数据层融合、特征层融合和决策层融合 3 种基本融合类型。

1. 数据层融合

数据层融合是对来自相同量级的传感器获取的原始数据进行直接融合, 再对已融合的传感器数据的特征进行提取和身份识别, 这属于最低层次的信息融合, 如图 6.1 所示。数据层融合能尽可能多地保持现场数据, 并获得一些其他融合方法不能获得的细微信息, 但是该方法处理的信息量太大, 所以处理速度很慢, 实时性比较差。常用的数据层融合方法有代数法[3]、高通滤波法[4]、小波变换[5]、卡尔曼滤波法[6] 以及支持向量机[7] 等。

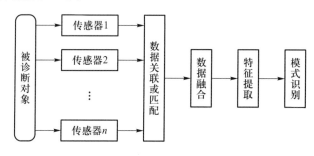

图 6.1 数据层融合

2. 特征层融合

在测量系统中, 传感器系统测得信号与实际情况相比是有误差存在的; 在诊断系统中, 对诊断对象也不同程度地缺乏相关的先验知识。所以, 一旦发生故障, 就难以判断观测数据是由真实的旋转机械故障产生的, 还是由噪声等因素引起的, 这就破坏了观测数据与故障之间的关系, 因此需要进行特征层故障信息融合。特征层融合首先是从传感器原始的数据中提取具有代表性的特征向量, 再对这些特征向量进行综合分析和处理, 形成统一的特征向量, 最后对所融合的特征向量进行识别。特征层融合是在比数据层融合更抽象的数据层次上进行的, 属于中间层次, 也称为模式识别, 如图 6.2 所示。

特征层融合可以产生新的组合特征, 增加了某些重要特征的准确性, 其灵活性较大。主要的特征层融合方法有神经网络[8-9]、模糊集理论[10]、信息熵[11] 以及小波分析等。

3. 决策层融合

决策层融合是对同一个状态或者目标采用不同类型的传感器进行监测, 要求每个传感器必须完成预处理、特征提取、识别或判断等各自的功能, 预先对所要监测的目标或者状态给出初步的结论, 然后再进行关联处理以及决策层的融合与判断,

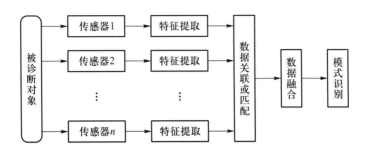

图 6.2 特征层融合

最终获得联合推断的结果[12]。决策层融合是最高层次的融合, 也是三级融合的最终结果, 如图 6.3 所示。决策层融合具有很高的灵活性, 如果系统中有一个或几个传感器出现了错误, 通过适当地融合, 系统仍然能够获得正确的结果, 所以决策层融合的容错能力很强。决策层融合常用的方法有 D–S 证据理论[13]、表决法[14]、贝叶斯推理[15] 以及专家系统[16] 等。

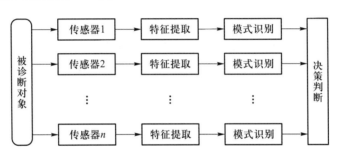

图 6.3 决策层融合

6.1.3 多传感器信息融合算法

美国实验室理事联合会 (Joint Directors of Laboratories, JDL)[17] 下设的 C3 技术委员会制订了信息融合功能模型 (JDL 模型), 将信息融合分为不同级别的处理层, 如图 6.4 所示。

对不同融合层面上的信号处理有如下解释:

(1) 多传感器数据源是指各类传感器所采集的相关数据, 主要是人工情报、先验信息和环境参数等;

(2) 数据预处理是根据各个观测信息平台和数据源的特征, 对来自不同的传感器和数据库中的数据进行标准化、格式化、次序化、批处理化、压缩等操作, 提取有用的关键信息, 以满足后续估计以及处理器对计算量大小以及计算顺序的要求;

(3) 一级处理也称目标估计, 是对多传感器进行配准和关联, 以获得目标位置与

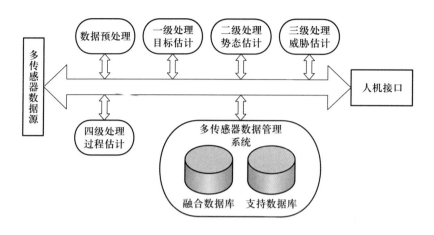

图 6.4　JDL 模型

身份类别的可靠、精确的估计,为态势估计和威胁估计提供目标信息;

(4) 二级处理也称态势估计,是评价环境中各个目标实体之间的关系、目标实体与环境之间的关系,以及它们随时间变化的趋势;

(5) 三级处理也称威胁估计,是根据态势估计的结果,评估参与者设想或行为的威胁、风险和影响,主要采用基于知识推理的方法来实现;

(6) 四级处理也称过程估计,是对上述估计进行不断修正,评价是否需要其他信息的进一步补充以及是否需要修改处理过程本身,以获得更加可靠、精确的结果;

(7) 多传感器数据管理系统是对多传感器获取的数据、支持数据库和一些中间的处理结果进行存储、检索、压缩,并保护系统的数据和信息。

JDL 模型分为低处理层和高处理层两层。低处理层包括直接的数据处理,目标的检测、分类与识别以及目标的跟踪等;高处理层包括对态势的估计以及对融合结果的调整。实际上,多传感器信息融合算法主要是在低处理层内进行的。

6.2　旋转机械多传感器信息融合的特点

旋转机械故障诊断中的信息融合是针对某一旋转机械,利用多个传感器采集多个测点的不完整的局部信息,进行综合,消除多个传感器所采集的各信息间可能存在的冗余和彼此之间存在的矛盾,从而使信息融合系统得到完整的描述,以提高智能系统的决策、规划、反应速度及正确性,减少决策的风险。在旋转机械故障诊断领域中,多传感器信息融合具有以下特点:

(1) 多传感器信息融合系统的工作性能得以进一步提高。当整个传感器系统中有一个或几个传感器受到干扰或者不能使用时,其他部分的传感器仍可以给信息融合系统提供信息,以保证故障诊断系统能够连续运行。

(2) 扩展了空间的覆盖范围。在空间上, 由于利用多个传感器进行交叠, 诊断判据的覆盖区域得到扩大, 不同的传感器可从不同的空间位置探测被诊断的对象, 进而增加了系统的监视能力和检测概率。

(3) 扩展了时间的覆盖范围。假设某些判据不能够应用, 但另一些判据是可以检测的。

(4) 系统获取信息的可信度增加, 模糊性减少。多个传感器能够全面地获取同一被诊断对象的信息, 提高了诊断对象的确定性。

(5) 系统的可靠性得到了提高。由于多个传感器之间是相互配合的, 所以它们之间存在着内在的冗余度, 并且不同的传感器所测量的各频段上的系统也不易受到噪声干扰。

6.3 基于 D–S 证据理论的决策层融合旋转机械故障诊断方法

Dempster–Shafer 证据理论最早由 Dempster 提出, 他的学生 Shafer 对其作了发展, 形成了一种理论化、系统化的不确定性推理理论, 即 D–S 证据理论[18-20]。D–S 证据理论是概率论的推广, 它通过约束事件的概率来建立信任函数, 而不是寻求精确的难以获得的先验概率, 因此具有完备的数学基础, 能够方便地处理由 "不知道" 所引起的 "不确定" 性问题, 是不确定性推理中常用的一种方法, 在多传感器系统的信息融合中广泛应用[21-25]。

6.3.1 D–S 证据理论的基本概念

D–S 证据理论是讨论关于命题相互独立的可能答案或假设的一个有限集合, 即一个识别框架 (frame of discernment) Θ, 按传统方法可将 Θ 的幂集表示为 2^{Θ}, 是 Θ 的所有子集的集合。D–S 证据理论对这个识别框架 Θ 进行运算, 并且提供计算 Θ 中所有幂集元素的逻辑, 然后使用这些计算结果完成对命题的高和低的不确定性表示。其核心是 Dempster 证据组合规则, 表示如下:

设 Θ 是某个判据问题中所能认识的所有可能结果的有限集, 而我们研究的每一个命题都对应于 Θ 的一个子集, 就称 Θ 为识别框架。

D–S 证据理论是一个建立在非空集合 Θ 上的理论, 它是由一系列相互排斥而且穷举的基本命题组成的。对于问题域中的任意一个命题 A, 都应该属于幂集 2^{Θ}。

如果

$$m : 2^{\Theta} \to [0, 1], \quad m(\varnothing) = 0, \quad \sum_{A \subset \Theta} m(A) = 1 \qquad (6.1)$$

式中, $m(A) \in [0,1]$, $A \subset \Theta$, 其中 m 为基本概率分配函数 (basic probability assignment function, BPAF), $m(A)$ 为 A 的基本概率赋值, 它表示证据支持命题 A 发生的程度。

如果 A 为 Θ 的子集, 并且 $m(A) > 0$, 就称 A 为证据的焦元, 所有焦元的集合就称为核。

证据是由证据体 $(m, m(A))$ 组成的, 利用证据体定义 2^Θ 上的信任函数为 bel (belief function)、似真函数 pl (plausibility function) 和共性函数 (commonality function), 有

$$\text{bel}(A) = \sum_{B \subseteq A} m(A), \quad \forall A \subseteq \Theta \tag{6.2}$$

$$\text{pl}(A) = \sum_{B \bigcap A \neq \varnothing} m(B) = 1 - \text{bel}(\overline{A}), \quad \forall A \subseteq \Theta \tag{6.3}$$

式中, $\overline{A}$ 为 A 的补集。由式 (6.3) 知, $\text{bel}(A) \leqslant \text{pl}(A)$。

信任函数 $\text{bel}(A)$ 是指全部给予命题 A 的支持程度; 似真度函数 $\text{pl}(A)$ 是指不否定命题 A 的程度; 区间 $[\text{bel}(A), \text{pl}(A)]$ 构成了证据的不确定区间, 是指命题的不确定程度。图 6.5 所示为证据的不确定性表示。

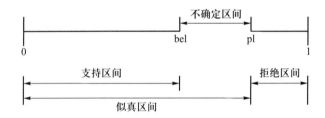

图 6.5 证据的不确定性表示

由图 6.5 可以看出, 区间 $[0, \text{bel}(A)]$ 为支持证据区间, 信任度 $\text{bel}(A)$ 是支持证据区间的上限; 区间 $[0, \text{pl}(A)]$ 是似真区间, 似真度 $\text{pl}(A)$ 是似真区间的上限, 同时 $\text{pl}(A)$ 又是拒绝证据区间 $[\text{pl}(A), 1]$ 的下限; 区间 $[\text{bel}(A), \text{pl}(A)]$ 为不确定区间或信任度区间, 此区间既不支持命题 A, 也不拒绝命题 A。如果 $[\text{bel}(A), \text{pl}(A)]$ 为零, 则 $\text{bel}(A) = p(A) = \text{pl}(A)$; 如果 $[\text{bel}(A), \text{pl}(A)]$ 等于 1, 那么整个区间 $[0,1]$ 为信任度区间, 子集 A 的信息就没有利用价值; 如果区间为 $[0,0]$, 那么整个区间就为拒绝区间, 对命题 A 全然不支持; 如果区间为 $[1,1]$, 那么整个区间就为支持证据区间, 对命题 A 的支持程度是最大的。

信任函数 $\text{bel}(A)$ 应满足以下 3 个条件:

(1) $\text{bel}(\varnothing) = 0$。

(2) $\text{bel}(\Theta) = 1$。

(3) $\mathrm{bel}(A_1 \bigcup A_2 \cdots \bigcup A_n) \geqslant \sum\limits_{\substack{I \subseteq \{1,2,\cdots,n\} \\ I \neq \varnothing}} (-1)^{|I|+1} \mathrm{bel}\left(\bigcap\limits_{i \in I} A_i\right)$。

式中, n 为任意正整数; $A_1, A_2, A_3, \cdots, A_n$ 为识别框架 Θ 的 n 个子集; $|I|$ 表示集合 I 中元素的个数。

如果 n 取 2, 则 $A_2 = \overline{A_1}$, 可以得到

$$\mathrm{bel}(A) + \mathrm{bel}(\bar{A}) \leqslant 1, \quad \forall A \subseteq \Theta$$

共性函数定义为

$$Q(A) = \sum\limits_{A \subseteq B} m(B), \quad \forall A \subseteq \Theta \tag{6.4}$$

式中, $Q(A)$ 是以所有命题 A 为前提的基本概率赋值函数的和, 即为证据出现后, 命题 A 作为前提的支持程度。

6.3.2 多判据证据组合规则

6.3.2.1 D–S 证据组合规则

D–S 证据组合是指各个信息源之间的一致性, 但是当各个信息源之间存在着非常显著的冲突时, 其组合的最后结果可能会产生有悖于常理的结论[26]。因此, 许多学者对 D–S 组合规则进行了深入研究, 并且提出了许多相应的解决方法。目前, 所提出的改进方法主要有两种类型: 一类是认为 Dempster 证据组合规则需要进行修改, 如 Yager 组合规则[27]、李弼程组合规则[28]、孙全组合规则[29]、Smets 组合规则[30] 和 Lefevre 组合规则[31] 等; 另一类则认为组合规则是可行的, 但是给出的证据源存在问题, 需要对证据源进行修改, 例如 Murphy 组合规则[32]、梁昌勇组合规则[33]、邓勇组合规则[34] 等。

假设 $\mathrm{bel}_1, \mathrm{bel}_2, \cdots, \mathrm{bel}_n$ 是同一识别框架 Θ 上的信任函数, 如果它们彼此独立, 而且不是完全冲突, 可根据 D–S 组合规则计算出新的信任函数

$$\mathrm{bel} = \mathrm{bel}_1 \oplus \mathrm{bel}_2 \oplus \cdots \oplus \mathrm{bel}_n$$

式中, bel 为 $\mathrm{bel}_1, \mathrm{bel}_2, \cdots, \mathrm{bel}_n$ 的正交和, 是由 n 个不同证据合成而产生的信任函数。

如果对 n 个不同的证据所对应的基本概率分配函数 $m_1, m_2, m_3, \cdots, m_n$ 进行合成, 就会得到新的基本概率分配函数 $m = m_1 \oplus m_2 \oplus m_3 \oplus \cdots \oplus m_n$, 则可以根据式 (6.2)~ 式 (6.4) 计算出合成后的信任函数、似真函数与共性函数。

$$m(\varnothing) = 0 \tag{6.5}$$

$$m(A) = \frac{1}{1-k} \sum_{A_{i1} \bigcap A_{i2} \bigcap \cdots \bigcap A_{in} = A} m_1(A_{i1}) \cdot m_2(A_{i2}) \cdot \cdots \cdot m_n(A_{in}), \quad \forall A \subseteq \Theta$$

(6.6)

$$k = \sum_{A_{i1} \bigcap A_{i2} \bigcap \cdots \bigcap A_{in} = \varnothing} m_1(A_{i1}) \cdot m_2(A_{i2}) \cdot \cdots \cdot m_n(A_{in})$$

(6.7)

式中, k 为不一致因子, 反映了证据之间相互冲突的程度, $0 \leqslant k \leqslant 1$, 当 $k = 1$ 时说明证据之间是完全相矛盾的, 不能进行组合; $m(A)$ 需要有一个确定的概率赋值。

函数 $m(A)$ 的共性函数为

$$Q(A) = \frac{1}{1-k} \prod_{i=1}^{n} Q_i(A), \quad \forall A \subseteq \Theta$$

(6.8)

式中, Q_i 为对应于基本概率赋值函数 m_i 的共性函数。

对于多个证据的组合, 需要进行逐个组合, 组合时满足交换律和结合律, 但是与组合的位置和次序是没有关系的。

为了验证 D–S 证据组合的最后结果可能会产生有悖于常理的结论, 假设识别框架 $\Theta = \{A, B, C\}$, 证据源中 m_1 为一致证据, m_2 为伪证据, 其基本概率分配如下:

$m_1 :$ $m_1(A) = 0.98,$ $m_1(B) = 0.02,$ $m_1(C) = 0$

$m_2 :$ $m_2(A) = 0,$ $m_2(B) = 0.02,$ $m_2(C) = 0.98$

将两证据进行合成, 如表 6.1 所示。

表 6.1   两证据合成

	$m_1(A)$	$m_1(B)$	$m_1(C)$
$m_2(A)$	$m_{12}(A) = 0$	$m_{12}(BA) = 0$	$m_{12}(CA) = 0$
$m_2(B)$	$m_{12}(AB) = 0.019\,6$	$m_{12}(B) = 0.000\,4$	$m_{12}(CB) = 0$
$m_2(C)$	$m_{12}(AC) = 0.960\,4$	$m_{12}(BC) = 0.019\,6$	$m_{12}(C) = 0$

根据表 6.1 可以计算不一致因子 $k = m(\varnothing) = 0.019\,6 + 0.960\,4 + 0.019\,6 = 0.999\,6$。利用 D–S 组合规则合成后, 各命题的基本概率赋值分别为 $m(A) = m(C) = 0, m(B) = 1, m(\Theta) = 0$。

从而可以看出, 各支持 A 和 C 的两条证据, 在融合以后的概率均为 0, 而对 B 的支持程度则由融合前的 0.02 变为 1, 这就产生了与常理相悖的融合结果。

出现这种与常理相悖的原因主要有: 一是在对识别框架中的元素进行基本概率分配时, 对某种证据的概率分配得过大或者过小, 并且也存在专家的偏好和疏漏; 二是证据理论规定 $m(\varnothing) = 0$, 实际上在不同证据组合的过程中得到空集 $\varnothing$ 的概率并不是 0, 在组合过程中, D–S 证据理论方法已经将这部分概率值舍弃掉, 只是乘上了一个归一化系数 $1/(1-k)$ 来对组合后的有效基本概率值进行补偿。

直接运用 D–S 组合公式进行信息融合时, 存在以下 3 个问题[26,35-37]:

(1) 要求各个证据之间必须彼此独立, 而且对于相关性比较强的证据不能使用 D–S 组合公式;

(2) D–S 组合规则既无法处理证据之间的冲突, 也无法分辨证据所在的子集大小以按不同的权重聚焦;

(3) 容易引起焦元 "爆炸", 计算量会呈指数级增长, 这也是 D–S 证据理论在实际应用中面临的困难。

6.3.2.2 Yager 组合规则

Yager 通过重新分配冲突信息的原则改进了 D–S 组合规则, 对不发生冲突的证据仍然应用 D–S 组合规则和运算方式进行合成, 而将支持证据冲突的那部分概率全部都赋予未知领域, Yager 的证据合成公式如下:

$$m(\varnothing) = 0$$

$$m(A) = \sum_{A_{i1} \bigcap A_{i2} \bigcap \cdots \bigcap A_{in} = A} m_1(A_{i1}) \cdot m_2(A_{i2}) \cdot \cdots \cdot m_n(A_{in}), \quad A \neq \varnothing, A \neq \Theta$$

$$m(\Theta) = \sum_{A_{i1} \bigcap A_{i2} \bigcap \cdots \bigcap A_{in} = A} m_1(A_{i1}) \cdot m_2(A_{i2}) \cdot \cdots \cdot m_n(A_{in}) + k \qquad (6.9)$$

式中, k 为不一致因子; Θ 为识别框架; $\varnothing$ 为空集。

Yager 虽然解决了高度冲突的证据合成问题, 但对冲突证据 k 是全盘否定的, 全部都赋给了未知项, 所以对于多个证据源合成的效果并不理想。

6.3.2.3 孙全组合规则

在多个传感器系统的运行过程中, 可能由于一个或少数传感器出现错误, 导致整个传感器系统无法正常工作, 因此孙全对 Yager 的合成公式作了进一步改进, 认为即使证据之间存在冲突, 也不应该全部都分配给未知项, 而是需要引入证据可信度 ε, 对冲突性证据 k 按照加权和平均的形式进行分配。其证据合成公式为

$$m(\varnothing) = 0$$

$$m(A) = \sum_{A_{i1} \bigcap A_{i2} \bigcap \cdots \bigcap A_{in} = A} m_1(A_{i1}) \cdot m_2(A_{i2}) \cdot \cdots \cdot m_n(A_{in}) + k\varepsilon q(A),$$

$$A \neq \varnothing, A \neq \Theta$$

$$m(\Theta) = \sum_{A_{i1} \bigcap A_{i2} \bigcap \cdots \bigcap A_{in} = A} m_1(A_{i1}) \cdot m_2(A_{i2}) \cdot \cdots \cdot m_n(A_{in}) + k\varepsilon q(\Theta) + k(1-\varepsilon)$$

$$(6.10)$$

式中, $q(A) = \dfrac{1}{n}\displaystyle\sum_{A_{i1}\bigcap A_{i2}\bigcap\cdots\bigcap A_{in}=A} m_1(A_{i1})\cdot m_2(A_{i2})\cdot\cdots\cdot m_n(A_{in})$; 可信度 $\varepsilon = \mathrm{e}^{-\tilde{k}}$, $\tilde{k}$ 是 n 个证据集中每一对证据总和的平均, $\tilde{k} = \dfrac{1}{n(n-1)/2}k$, 它反映了证据之间的冲突程度。

但是证据可信度 $\varepsilon = \mathrm{e}^{-\tilde{k}}$ 的主观性是比较大的, 当 $\varepsilon = 10^{-\tilde{k}}$、$5^{-\tilde{k}}$ 或取其他底数时, 计算结果之间的差异可能有时非常明显, 这就导致了最后的融合结果不一致。

6.3.2.4 Li 组合规则

Li 针对证据可信度 ε 存在主观性较大的问题, 在提出的合成公式中去掉了证据可信任度, 将支持证据冲突的概率根据各命题的支持程度大小进行加权分配。其合成公式为

$$m(\varnothing) = 0$$

$$m(A) = \sum_{A_{i1}\bigcap A_{i2}\bigcap\cdots\bigcap A_{in}=A} m_1(A_{i1})\cdot m_2(A_{i2})\cdot\cdots\cdot m_n(A_{in}) + q(A), \quad A \neq \varnothing$$

$$(6.11)$$

式中, $q(A)$ 是证据冲突概率的分配函数, 满足

$$q(A) \geqslant 0, \quad q(\varnothing) = 0, \quad \sum_{A\subset\Theta} q(A) = k$$

其中, k 为不一致因子。

6.3.2.5 改善证据源组合规则

前面 3 种组合规则都认为 D–S 证据组合规则存在问题, 并且对其作了修改, 使 D–S 组合规则得到了改善。Murphy 对这些新的规则作了评价, 并提出 D–S 证据组合的证据源存在问题, 所以在组合前就先对证据进行平均, 然后仍按照 D–S 组合规则进行迭代计算。其方法如下:

(1) 对 n 个不同的证据 $m_1, m_2, m_3, \cdots, m_n$ 进行合成, 即对 n 个不同的证据作平均处理, 得到均值

$$m_a = \frac{m_1 + m_2 + m_3 + \cdots + m_n}{n}$$

(2) 利用 D–S 组合规则对 m_a 做 $n-1$ 次合成, 得到

$$m = m_a \oplus m_a \oplus m_a \oplus \cdots \oplus m_a$$

但是由于这一组合规则认为各个证据之间的权重是相同的, 没有考虑各证据之间的相互联系, 邓勇在此基础上作了进一步改进, 引入 Jousselme[38] 等定义的 "距

离函数" 概念, 用来度量证据体之间的相似性程度。根据不同的证据体对最终融合结果的不同影响, 将这些证据按照不同的权重进行处理, 其表达式为

$$m_{\omega a} = \frac{\alpha_1 m_1 + \alpha_2 m_2 + \cdots + \alpha_j m_j + \cdots + \alpha_n m_n}{n} \tag{6.12}$$

式中, $\alpha_j (0 \leqslant \alpha_j \leqslant 1)$ 为证据 m_j 的权重, 是指该证据被其他证据所支持的情况, 且满足 $\alpha_1 + \alpha_2 + \cdots + \alpha_j + \cdots + \alpha_n = 1$。$\alpha_j$ 由证据之间的距离来确定。

通过对证据的基本概率作加权平均后, 再利用 D–S 证据组合方法进行融合。

从以上各种组合方法可以看出, 每一种方法都有一定的优点, 但也各自存在一些缺点。在冲突很小或不相关并且所有的信息源可靠的情况下, D–S 证据组合是合理的; Yager 组合规则在 $k = 0$ 和 $k = 1$ 时可以得到与 D–S 组合规则相同的结果。如果冲突水平增加, 达到不可忽略的程度时, 则可通过 Yager 规则对全集进行基本概率赋值来表示冲突的水平, 这比 D–S 组合规则更加合适。但是, Yager 组合规则全盘否定了冲突证据 k, 如果证据源中出现多于两个的情况, 那么 Yager 组合规则的效果就不理想。Murphy 方法只是在多源信息进行 D–S 组合规则之前对多源信息作了简单的平均, 并没有考虑各证据之间的相互关联问题, 这有利于归一化问题的解决, 收敛速度也比较快。邓勇认为, 多个证据之间应该具有各自不同的权重, 根据各自的权重不同, 最终得到的融合结果也是不相同的。Murphy 和邓勇的组合规则都是对单个证据先进行多次合成, 再从证据源中提取特征信息, 这样就全盘抛弃了原来的证据, 只是应用组合后得到的平均信息进行源信息操作, 证据融合的收敛速度虽然加快了, 但一些弱势信息也丢失了, 这不利于第二判决的应用, 并且相应地加大了计算量。

6.3.2.6 基于伪证据识别的 D–S 组合规则

通过对以上组合规则方法的讨论, 分析了各方法存在的问题, 本节提出基于伪证据识别的 D–S 组合规则。

1. 伪证据的识别

在一个有效的多传感器目标识别系统中 (其中一致证据占多数或者全部), 若所有传感器都是可靠的, 那么对同一目标给出的识别证据应该是一致的, 合成信任度会通过证据合成法则聚焦到代表正确识别目标的焦元上面; 当传感器受到干扰, 证据源中出现伪证据时, 证据合成法则的聚焦就会偏离正确的方向, 而指向代表错误识别目标的焦元。伪证据越多, 这种偏离就越明显, 如图 6.6 所示。

由图 6.6 可知, 前 8 组进行 D–S 合成规则融合的证据是支持焦元 A 的一致证据, 依次增加合成证据数, A 的支持度升高; 后 4 组是伪证据, 随着加入的伪证据的增多, 焦元 A 的支持度发生了偏离, 并且偏离速度不断加快。在混有伪证据的证据源中, 任意抽掉一组证据, 将剩下的证据合成。若抽掉的是一致证据, 聚焦性没有发

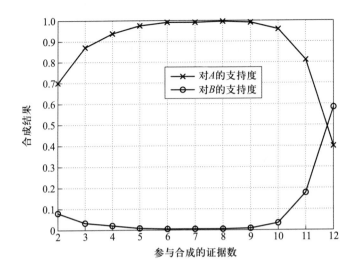

图 6.6 D–S 证据理论的一致证据聚焦性

生明显改善, 故支持度曲线没有明显波动; 如果抽掉的是伪证据, 聚焦性迅速得以改善, 焦元支持度曲线会有明显波动。凭借这一性质就可以直观地识别出证据源中的伪证据。下面用如表 6.2 所示的 12 组证据来验证伪证据识别方法的正确性。

表 6.2 混有伪证据的证据源

证据源	m_1	m_2	m_3	m_4	m_5	m_6	m_7	m_8	m_9	m_{10}	m_{11}	m_{12}
A	0.45	0.51	0.10	0.55	0.45	0.55	0.15	0.50	0.50	0.50	0.02	0.45
B	0.30	0.20	0.01	0.20	0.30	0.25	0.00	0.25	0.25	0.15	0.02	0.20
C	0.25	0.29	0.89	0.25	0.25	0.20	0.85	0.25	0.25	0.35	0.96	0.35

假设识别框架 $\Theta = \{A, B, C\}$, 在证据源 12 组证据内混有伪证据若干, 现按照上述思路进行伪证据识别。首先, 按序号依次抽取一组证据, 将剩下的 11 组证据利用 D–S 合成规则分别进行融合, 得到的融合结果如图 6.7a 所示。由于证据源中存在伪证据, 虽然支持焦元 A 的一致证据占大多数, 但融合后的支持度很低。当抽取了证据 m_{11} 以后, A 支持度上升最为明显, 在图中表现为一个最高的波峰。根据一致证据的聚焦性, 识别出 m_{11} 为伪证据, 将其去除以后, 明显改善了聚焦效果。一致证据与伪证据以及伪证据与伪证据之间存在相互影响, 因此在一次抽取识别过程中只去除一组伪证据。然后, 在剩余 11 组证据中重复上述抽取识别过程, 依次识别出伪证据 m_3 和 m_7, 其结果如图 6.7b、c 所示。最后, 在图 6.7d 中支持度曲线没有再出现明显波动。根据格拉布斯判别准则, 若所有剩余证据合成结果的残余误差小于格拉布斯鉴别值, 就可认为伪证据已经完全被识别出来。最终识别结果说明, 证据源中有且仅有 m_3、m_7 和 m_{11} 3 个伪证据, 这与主观分析结果相一致。

2. 伪证据的处理

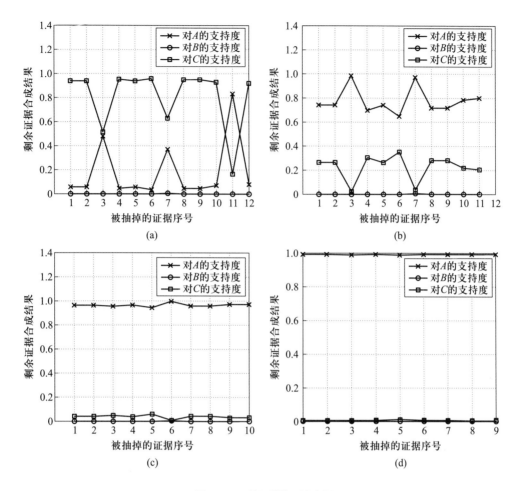

图 6.7 伪证据识别过程

(1) 构造伪证据的矛盾证据。假设 m 为一个伪证据的基本信任分配函数, 定义其矛盾证据基本信任分配函数为 $m^C : 2^\Theta \to [0,1]$, 它与 m 有如下关系:

$$\begin{cases} m^C(C_j) = k^{-1} \sum\limits_{A_i \cap C_j = \varnothing} m(A_i), & C_j \neq \Theta \\ m^C(C_j) = m(\Theta), & C_j = \Theta \end{cases} \tag{6.13}$$

式中, $k = \dfrac{\sum\limits_{C_j \neq \Theta} \sum\limits_{A_i \cap C_j = \varnothing} m(A_i)}{1 - m(\Theta)}$, k 为归一化因子。

(2) 构造伪证据的替代证据。对伪证据与矛盾证据两者取平均, 以得到的新证据作为伪证据的替代证据, 即

$$m^N(C_j) = \frac{m^C(C_j) + m(C_j)}{2} \tag{6.14}$$

(3) 用新证据替代伪证据。利用 D-S 证据理论合成规则重新合成, 得到修正后的融合结果。

利用上述方法处理本章前面例子中出现的有悖于常理的结论的问题, 下面分别为伪证据的矛盾证据和替代证据:

$$m_2^C : m_2^C(A) = 0.500\,0 \quad m_2^C(B) = 0.495\,0 \quad m_2^C(C) = 0.005\,0$$
$$m_2^N : m_2^N(A) = 0.250\,0 \quad m_2^N(B) = 0.252\,5 \quad m_2^N(C) = 0.492\,5$$

修正后, 证据的合成结果为

$$m : m(A) = 0.979\,8 \quad m(B) = 0.020\,2, \quad m(C) = 0.000\,0$$

重新合成的结果支持一致证据的判断, k 由 0.999 8 变为 0.750 0, 表明替代证据对伪证据造成的不良影响起到了削弱作用, 而且因为伪证据也参与了构造新的替代证据, 对重新合成的结果也产生一定影响, 即保留了伪证据的有用信息。

6.4 基于伪证据识别的 D–S 旋转机械融合诊断实例分析

要构造旋转机械故障融合诊断识别框架, 必须系统地分析旋转机械的决策问题。针对旋转机械故障融合诊断目标信息系统, 首先, 构造出基于识别框架的证据体; 其次, 利用旋转机械故障所收集的各个证据体资料, 结合识别框架中各个命题集合的特点, 确定出各证据体的基本可信度分配 $m(A)$, 并由此分别计算出在单证据体作用下识别框架中各命题的信任度区间 $[\mathrm{bel}(A), \mathrm{pl}(A)]$; 再次, 利用 D–S 证据理论的合成规则, 计算出所有证据体联合作用下的基本可信度分配 $m(A)$ 和信任度区间; 最后, 根据旋转机械的具体故障, 构造出相应的决策规则, 得出最终的决策结论[39]。图 6.8 为旋转机械多判据证据理论融合诊断识别框架。

6.4.1 多传感器旋转机械故障诊断识别框架

根据长期监测数据以及专家经验建立描述机械故障状态的特征矩阵

$$\boldsymbol{F} = \begin{bmatrix} F_0 \\ F_1 \\ \vdots \\ F_N \end{bmatrix} = \begin{bmatrix} f_{11} & f_{12} & \cdots & f_{1n} \\ f_{21} & 22 & \cdots & f_{2n} \\ \vdots & \vdots & & \vdots \\ f_{N1} & f_{N2} & \cdots & f_{Nn} \end{bmatrix} \tag{6.15}$$

式中, F_j 表示第 j 类故障状态 $(j = 1, 2, \cdots, N)$; f_{ji} 表示第 j 类第 i 个故障特征 $(i = 1, 2, \cdots, n)$。

以多传感器对旋转机械运行状态信息进行采集, 经特征提取后得到运行状态特

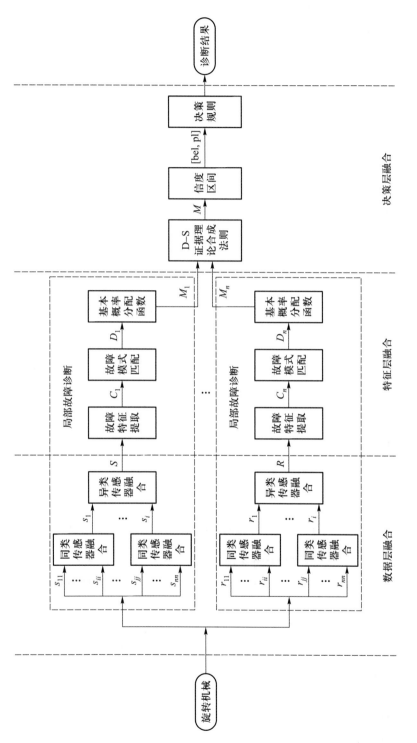

图 6.8 旋转机械多判据证据理论融合诊断识别框架

征提取矩阵

$$
\boldsymbol{C} = \begin{bmatrix} C_0 \\ C_1 \\ \vdots \\ C_M \end{bmatrix} = \begin{bmatrix} c_{11} & c_{12} & \cdots & c_{1m} \\ c_{21} & c_{22} & \cdots & c_{2m} \\ \vdots & \vdots & & \vdots \\ c_{M1} & c_{M2} & \cdots & c_{Mm} \end{bmatrix}
$$

式中, C_k 表示第 k 个传感器的信息 $(k = 1, 2, \cdots, M)$; c_{kl} 表示第 k 个传感器第 l 个状态提取特征 $(l = 1, 2, \cdots, m)$。

在数量关系上, 故障状态特征总数等于单个传感器运行状态特征总数与传感器个数的乘积, 即 $n = m \times M$。由欧几里得距离公式可计算出证据间的距离

$$
d_{kj} = \sqrt{\sum_{l=1}^{m} (c_{kl} - f_{j\ l+(k-1)m})/(f_{j\ l+(k-1)m})^2} \tag{6.16}
$$

式中, d_{kj} 表示第 k 个传感器状态与第 j 个故障状态的距离。

再由 $p_{kj} = 1/d_{kj}$, 进行归一化, 得 $\sum_{j=1}^{N} p_{kj} = 1$, 最终得到基本概率分配矩阵

$$
\boldsymbol{P} = \begin{bmatrix} P_0 \\ P_1 \\ \vdots \\ P_M \end{bmatrix} = \begin{bmatrix} p_{11} & p_{12} & \cdots & p_{1N} \\ p_{21} & p_{22} & \cdots & p_{2N} \\ \vdots & \vdots & & \vdots \\ p_{M1} & p_{M2} & \cdots & p_{MN} \end{bmatrix} \tag{6.17}
$$

式中, P_k 为第 k 个传感器对旋转机械故障状态识别的基本概率分配函数集; p_{kj} 为第 k 个传感器识别第 j 个故障状态的基本概率分配函数。

6.4.2　基于伪证据识别的 D–S 组合规则在旋转机械故障诊断中的应用

将伪证据识别的 D–S 组合规则应用于基于多传感器信息融合的机械故障诊断中, 对存在单一故障的发动机进行故障诊断实验[40]。为提高故障诊断的准确率, 采用 6 个传感器对一个可能有故障的发动机的运行状态进行信息采集。其中, 有两对加速度传感器放置在气缸盖上, 在靠近进气阀的位置放一对, 在靠近出气阀的位置放一对; 一对声敏传感器放置在气缸盖的上方。取加速度传感器的时域峰峰值和最大频率以及声敏传感器的平均压力值和重心法校正频率为故障特征, 对发动机的 3 类故障状态 $\varTheta = \{F_1:$ 没有故障, $F_2:$ 排气阀故障, $F_3:$ 活塞环故障$\}$ 建立故障特征, 如表 6.3 所示, 并以此为依据建立旋转机械故障状态特征矩阵。

现用 6 个传感器对发动机运行状态信息进行采集, 已知在信息采集过程中受到不确定性因素干扰, 可能产生伪证据。传感器采集信息经特征提取后得到运行状态

表 6.3 故 障 特 征

故障状态	S_1		S_2		S_3		S_4		S_5		S_6	
	特征1	特征2	特征3	特征4	特征5	特征6	特征7	特征8	特征9	特征10	特征11	特征12
F_1	313.5	559.6	378.6	557.4	152.9	762.7	313.5	559.6	378.6	557.4	152.9	762.7
F_2	1 850.7	550.8	1 734.5	597.2	152.3	808.2	1 850.7	550.8	1 734.5	597.2	152.3	808.2
F_3	2 669.3	546.6	2 567.4	534.8	152.7	724.1	2 669.3	546.6	2 567.4	534.8	152.7	724.1

特征矩阵

$$C = \begin{bmatrix} 318.5 & 2\ 567.9 & 152.6 & 306.9 & 372.1 & 153.1 \\ 564.6 & 534.7 & 768.0 & 564.3 & 550.4 & 768.5 \end{bmatrix}^{\mathrm{T}} \tag{6.18}$$

经过计算, 得到多传感器对发动机故障状态识别的基本概率分配函数矩阵

$$P = \begin{bmatrix} 0.958\ 9 & 0.000\ 0 & 0.771\ 0 & 0.949\ 9 & 0.950\ 7 & 0.780\ 1 \\ 0.021\ 2 & 0.000\ 5 & 0.114\ 7 & 0.025\ 8 & 0.025\ 6 & 0.121\ 8 \\ 0.019\ 9 & 0.999\ 4 & 0.094\ 2 & 0.024\ 3 & 0.023\ 6 & 0.098\ 1 \end{bmatrix}^{\mathrm{T}} \tag{6.19}$$

在多传感器获取的信息中, 对可能存在的伪证据进行识别, 其曲线如图 6.9 所示。

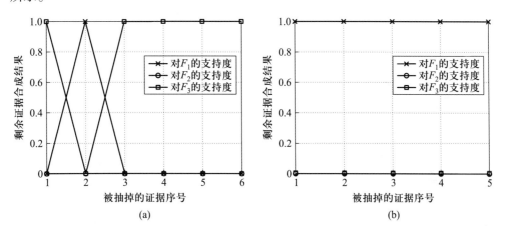

图 6.9 对传感器中伪证据进行识别

由图 6.9a 可以看出, 在抽取第二个传感器所代表的证据时, F_1 状态支持度突然升高, 表明抽取了伪证据后, 使得聚焦性大大改善, 可判断第二个传感器受到干扰而出现伪证据。图 6.9b 是去掉伪证据后的识别曲线, 可以看出, 该曲线没有发生明显波动, 且符合格拉布斯判别准则, 故伪证据识别完毕, 从而判断第二个传感器所提供的信息为伪证据。

去掉伪证据后, 重新构造出新的证据以替代原来的证据, 再对故障类型识别的

基本概率分配矩阵进行信息融合, 可以得到去掉伪证据后的结果。将该结果与应用其他 D–S 证据理论合成规则进行融合后的结果作比较, 如表 6.4 所示。

表 6.4　采用不同合成规则的诊断结果比较

合成规则	诊断结果				冲突程度 k
	F_1	F_2	F_3	不确定	
经典 D–S	0	0.000 9	0.999 1	0	1
Yager	0	0	0	1	1
Lefevre	0.738 5	0.051 6	0.209 9	0	1
Murphy	0.999 5	0	0.000 5	0	1
作者所提方法	1	0	0	0	0.886 4

由表 6.4 可以看出: 经典 D–S 合成规则受到伪证据影响严重, 使得冲突程度 k 为 1, 无法得出正确的结论; Yager 提出的合成规则明显不适合处理多证据问题, 因为它取消了正则化, 将冲突部分分配给不确定项, 使得融合结果无法得出明确结论; Lefevre 方法对涉及冲突的焦元进行重新信任分配, 有利于决策的制订, 但是在冲突剧烈的情况下, 它所承担的风险是巨大的; Murphy 通过将证据进行平均, 削弱了伪证据的影响, 但只是对证据作简单平均。在某些情况下, 系统需要更多的证据才能达到理想的效果。作者提出的基于伪证据识别的 D–S 组合规则能够识别混入证据源中的伪证据, 削弱了伪证据带来的证据间的冲突度, 使证据理论的适用性更强, 并且能够判断出伪证据出现的原因, 有针对性地进行处理, 保证了有用信息不被丢弃, 从而使得出的诊断结果更加准确可靠, 具有良好的鲁棒性。

6.5　程序仿真

表 6.5　伪证据识别

(1) 获取数据

```
clc;
clear all
longitude(1)=0;
latitude(1)=0;
y(1)=119.12256;
fid=fopen(' 数据文件 1.txt' );              % 打开数据总文件
B=textscan(fid,' %f %f' );                 % 把每一列的数据读入到单元数组 B 中
C=[B{1} B{2}];                             % 从单元数组 B 中提取每列数据并赋值给矩阵 C
n=size(C,1);                               % 确定读入数据的坐标数目
longitude=C(:,1);latitude=C(:,2);          % 赋值
fclose(fid);
fod=fopen(' 数据文件 2.txt' );              % 打开数据总文件
```

A=textscan(fod,' %f %f');	% 把每一列的数据读入到单元数组 A 中
G=[A{1} A{2}];	% 从单元数组 A 中提取每列数据并赋值给矩阵 G
num=size(G,1);	% 确定读入数据的坐标数目
longitude2=G(:,1);latitude2=G(:,2);	% 赋值
fclose(fod);	

(2) 卡尔曼滤波处理

```
longitude_fil(1)=y(1);
p_fil(1)=1;
for t=2:n;
    longitude_pre(t)=a*longitude_fil(t−1);
    p_pre(t)=a*p_fil(t−1)*a' +P;
    K(t)=p_pre(t)*H' *inv(H*p_pre(t)*H' +Q);
    longitude_fil(t)=longitude_pre(t)+K(t)*(longitude(t)−H*longitude_pre(t));
    p_fil(t)=(1−K(t)*H)*p_pre(t);
end
for i=1:n
    Err1(i)=RMS(y(i),longitude(i));
    Err2(i)=RMS(y(i),longitude_fil(i));
end
```

(3) 融合处理

```
w1=var(longitude_fil−y);
w2=var(longitude2_fil−j);
disp(' w1=' );disp(w1);
disp(' w2=' );disp(w2);
result=(w2/(w1+w2))*longitude_fil+(w1/(w1+w2))*longitude2_fil;
w3=var(result);
disp(' w3=' );disp(w3);
disp(' result=' );disp(result);
for i=1:num;
dlmwrite('.\result.txt',result, ' delimiter' ,' %10.000f\t' );
end
figure(7);
hold on;
plot(1:num,longitude_fil,' −+k' );
plot(1:num,longitude2_fil,' −*b' );
plot(1:num,result,' −og' );
%plot(1:n,result,' −*r' );
hold off;
legend(' 滤波后 1' ,' 滤波后 2' ,' 融合后' );
xlabel(' 采样次数' ,' color' ,' b' );
ylabel(' 幅值' ,' color' ,' b' );
title(' 坐标图线' ,' color' ,' m' );
```

参考文献

[1] 秦海勤, 徐可君, 隋育松, 等. 基于系统信息融合的滚动轴承故障模式识别 [J]. 振动、测试与诊断, 2011, 31(3): 372-376.

[2] Bladon P, Hall R J, Wright W A. Situation assessment using graphical models[C]//International Conference on Information Fusion, 2002: 886-893.

[3] 钱徽. 一种机器人多传感器联合系统的逻辑和代数分析方法 [J]. 传感技术学报, 2005, 18(3): 540-546.

[4] 杜艺, 龚循平, 林祥国. 基于 IHS 的高通滤波法影像融合研究 [J]. 测绘与空间地理信息, 2010, 33(5): 144-146.

[5] 蒋洪明, 张庆. 多分辨力传感器信息融合中的故障检测与恢复 [J]. 传感技术学报, 1995(2): 15-19.

[6] 付梦印, 邓志红, 张继伟. Kalman 滤波理论及其在导航系统中的应用 [M]. 北京: 科学出版社, 2003.

[7] 杨宇. 基于 EMD 和支持向量机的旋转机械故障诊断方法研究 [D]. 长沙: 湖南大学, 2005.

[8] 张育智. 基于神经网络与数据融合的结构损伤识别理论研究 [D]. 成都: 西南交通大学, 2007.

[9] Funahashi K. On the approximate realization of continuous mapping by neural network[J]. Neural Networks, 1989, 2(3): 183-192.

[10] Samarasooriya V N S, Varshney P K. A fuzzy modeling approach to decision fusion under uncertainty [J]. Fuzzy Sets and Systems, 2000, 114(1): 59-69.

[11] Toth D, Aach T. Improved minimum distance classification with Gaussian outlier detection for industrial inspection[C]//International Conference on Image Analysis and Processing, Palermo, Italy, 2001: 584-588.

[12] 刘海军, 许丹, 周一宇, 等. 基于 D–S 证据理论多传感器信息融合的辐射源及平台识别 [J]. 信号处理, 2009, 25(2): 294-297.

[13] 夏飞, 孟娟, 杨平, 等. 改进 D–S 证据理论在振动故障诊断中的应用 [J]. 电子测量与仪器学报, 2018, 32(07): 171-179.

[14] 程汉文, 陈亮, 吴乐南. 基于加权表决的决策层融合多系统调制识别 [J]. 系统工程与电子技术, 2010, 32(2): 342-345.

[15] 姜万录, 刘思远. 多特征信息融合的贝叶斯网络故障诊断方法研究 [J]. 中国机械工程, 2010, 21(8): 940-945.

[16] 顾雪平, 盛四清, 张文勤, 等. 电力系统故障诊断神经网络专家系统的一种实现方式 [J]. 电力系统自动化, 1995, 19(9): 26-29.

[17] Hall D L. Mathematical Techniques in Multisensor Data Fusion[M]. London: Artech House, 1992.

[18] 许同乐, 郎学政, 裴新才. 伪证据识别在机械故障诊断中的研究 [J]. 振动、测试与诊断, 2012, 32(5): 773-778, 863.

[19] Sman A, Kaftandjian V, Hassler U. Improvement of X-ray castings inspection reliability by using Dempster-Shafer data fusion theory[J]. Pattern Recognition Letters, 2011, 32(2): 168-180.

[20] 卜乐平, 刘开培, 侯新国. 采用 D–S 证据推理的电机转子故障诊断 [J]. 振动、测试与诊断, 2011, 31(1): 23-36.

[21] 陈博, 万寿红, 岳丽华. 改进的 D–S 证据舰船融合检测研究 [J]. 计算机工程与应用, 2010, 46(28): 222-224.

[22] 贾瑞生, 孙红梅, 闫相宏. 基于证据融合理论的煤矿顶板安全评价模型 [J]. 煤炭学报, 2010, 35(9): 1496-2000.

[23] Beynon M J. A method of aggregation in DS/AHP for group decision-making with the non-equivalent importance of individuals in the group[J]. Computers & Operations Research, 2005, 32(7): 1881-1896.

[24] Smets P, Ristic B. Kalman filter and joint tracking and classification based on belief functions in the TBM framework[J]. Information Fusion, 2007, 8(1): 16-27.

[25] Walley P. Measure of uncertainty in expert system[J]. Artificial Intelligence, 1996, 83(1): 1-58.

[26] Zadeh L. A simple view of the Dempster-Shafer theory of evidence and its implication for the rule of combination[J]. AI Magazine, 1986, 7(2): 85-90.

[27] Yager R R. On the Dempster-Shafer framework and new combination rules[J]. Information Science, 1989, 41(2): 93-137.

[28] 李弼程, 王波, 魏俊, 等. 一种有效的证据理论合成公式 [J]. 数据采集与处理, 2002, 17(1): 33-36.

[29] 孙全, 叶秀清, 顾伟康. 一种新的基于证据理论的合成公式 [J]. 电子学报, 2000, 28(8): 117-119.

[30] Smets P. The combination of evidence in the transfer belief model[J]. IEEE Transaction on Pattern and Machine Intelligence, 1990, 6(5): 447-458.

[31] Lefevre E, Colot O, Vannoorenberghe P. belief function combination and confict management[J]. Information Fusion, 2002, 3(3): 149-162.

[32] Murphy C K. Combining belief functions when evidence conflicts[J]. Decision Support Systems, 2000, 29(1): 1-9.

[33] 梁昌勇, 叶春森, 张恩桥. 一种基于一致性证据冲突的证据合成方法 [J]. 中国管理科学, 2010, 18(4): 152-156.

[34] 邓勇, 施文康, 朱振福. 一种有效处理冲突证据的组合方法 [J]. 红外与毫米波学报, 2004, 23(1): 27-32.

[35] 李剑峰, 乐光新, 尚勇. 基于改进型 D–S 证据理论的决策层融合滤波算法 [J]. 电子学报, 2004, 32(7): 1160-1164.

[36] Voorbraak F. On the justification of demapster rule of combination[J]. Artifical Intelligence, 1991, 48(2): 171-197.

[37] Wu Yongge, Yong Jingyu, Liu Ke, et al. On the evidence inference theory[J]. International Jounral of Information Science, 1996, 89(3-4): 245-260.

[38] Jousselme A L, Dominic Grenier, Eloi Bosse. A new distance between two bodies of evidence[J]. Information Fusion, 2001, 2(2): 91-101.

[39] 蒋雯, 张安. 信息融合中的伪证据识别方法 [J]. 计算机工程与应用, 2008, 44(33): 138-140.

[40] Basir O, Yuan X. Engine fault diagnosis based on multi-sensor information fusion using Dempster-Shafer evidence theory[J]. Information Fusion, 2007, 8(4): 379-386.

索 引

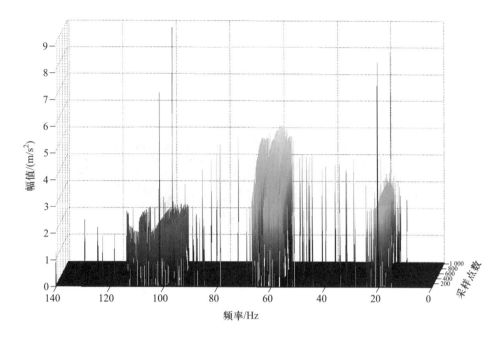

图 4.10 Hilbert 谱

(a) 传感器布置

(b) 实验台

图 4.14 实验室轴承故障采集平台

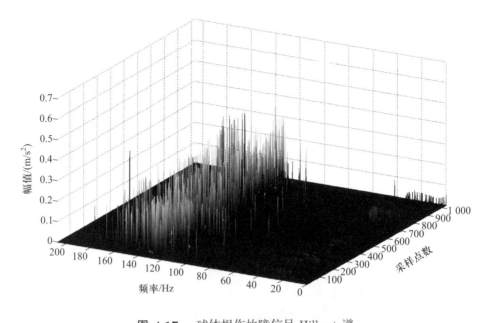

图 4.17　球体损伤故障信号 Hilbert 谱

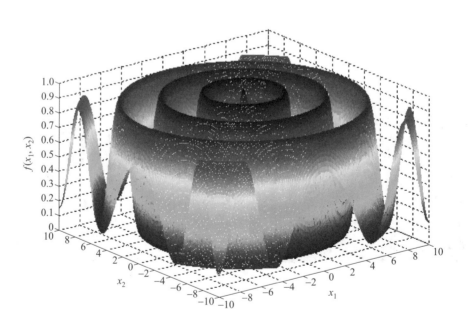

图 5.5　函数图像

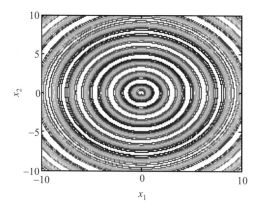

图 5.6　函数等高线

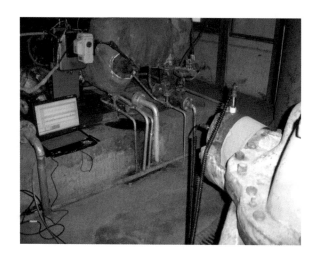

图 5.13　双吸式离心水泵轴承实验